來自各界的好評

這是一本讓人印象深刻的書,內容既廣泛又深遠,我不得不推薦它。

——史蒂芬・柯維,《與成功有約》作者

這是我讀過最有深度,也最實用的商業書籍!每個我推薦的人讀過之後,都覺得衝擊了自己的想法,同時也感同身受。這本書是我選給自己子女在踏入社會工作前,必須閱讀的一本書。

——湯姆・迪多納托,李爾公司資深人資副總

我很喜歡這本書。它點出了所有組織都會出現的核心問題。就像事實本身一樣,每重讀一次,就越清楚書中寫的道理。

——道格・豪斯,康維爾企業展業經理

想想看,在公司上班,你的同事們的目標就是要幫你達到成果。我本來不相信有這種可能,但在讀過本書之後,我覺得自己就是要把亞賓澤的觀念帶到英國教教大家。真的有很不一樣的感受!我們都可以成為更棒的人。本書的內容觸及了文化、團隊合作,以及工作表現中非常基本的部分。

——馬克‧艾許伍斯,英國布奇寵物食品公司總裁暨執行長

要找到一本可以推薦給你的主管、工作團隊和自己朋友的書真的很難。本書的觀念改變了我的工作和生活方式。

——羅伯‧愛德華,美國聯邦快遞公司業務主管

擔任高階主管的職位已經幾十年,最後才發現亞賓澤協會出版的這本書是我覺得能自我提升、衡量成功與否最好的一項工具。從提升企業獲利到增進個人的幸福指數,這本書都告訴你該怎麼做。

——布魯斯‧克里斯特森,美國公共電視網前總裁暨執行長

這本書真的令人咋舌,是每位主管和個人或專業輔導人

員必讀的一本書。

　　——蘿拉・惠特沃斯，《共創式教練》共同作者、教練訓練中心共同創辦人

　　這本書的觀念很有影響力。不論是在球場上、辦公室裡，或最重要的家裡，書中的觀念都是你成功的關鍵。讀了這本書，你就會懂我的意思。

　　——史蒂夫・楊，兩度獲選美式足球聯盟最有價值球員

　　在我們為許多成長快速的公司所提供的高階管理課程裡，很少有一本書能對數以百計的執行長產生如此立即而且又有深度的影響，也很少有書能像這本一樣，能同時觸及到這些領導者們的個人生活和工作領域。

　　——維爾・哈尼許，企業家組織的共同創辦人，瞪羚股份有限公司的執行長

　　這本書是真正領導力的試金石。亞賓澤協會創新的研

究，把潛藏在行為背後從產生、發展，到行為改變的意義做了完整的詮釋。我們已經全面採用本書作為管理人員訓練計畫的基本教材。

——特洛伊・布爾，維吉尼亞大學醫學院教學計畫主任

這可能是一本引導我們探索心靈深處與自我省思最與眾不同的書。內容用非常平易近人而且直白的方式，教我們要如何對自己的人生與命運負責。書中講的道理不但幫了我個人，也幫了我所愛的朋友們。

——卡里安・班納吉，印度資訊公司**MindTree**共同創辦人

本書所講的道理為我們個人及工作上提供了良好的基礎。我向董事會的其他成員、全球各地的分支機構、公司客戶、企業家以及個人朋友們大力推薦這本書。

——海蒂・富比士・奧斯特，**2BalanceU**公司執行長暨創辦人、國際職業婦女協會歐洲區公共關係事務

讀這本書的同時，我想起了自己的人生，想到那些成功的經驗，真的都是用亞賓澤協會所講的原則發生的。這本書是一項能夠讓政府運作得以轉型與提升的工具。

——馬克・迦南，美國首席大法官前任行政助理、
美國行憲兩百週年委員會幕僚長

書中把重要的領導管理、精神層面以及人生哲理萃取出來，是一本意義深遠也讓人想一氣呵成讀完的書，本書宛如一座寶藏。我企管碩士班的學生會跟我一起分享對於讀這本罕見的書所產生的熱情。本書你一定會一看再看，然後每讀一次，又會跟第一次看的時候一樣，讓你的眼睛為之一亮。

——巴瑞・布朗斯坦，巴爾的摩大學領導教育主任

這本書講的領導原則對我們的領導品質所產生的影響，要比之前採用的任何方式還要大。這些原則對於讓我們公司變成一個很棒的工作環境極為重要，同時也協助大家聚焦於成果，也使得生產力出現了前所未有的提升。

──麥可‧史丹普利，美國鹽湖城勞工福利機構**DMBA**總裁暨執行長

　　簡單、清晰、很有力道。在從事領導管理、組織發展與訓練有多年經驗之後，我很驚訝地發現竟然還有這麼一本能對我產生如此衝擊的書。

──珍妮特‧史坦葳德爾，前瞻領導者公司總裁

　　身為一名諮商師，我很驚喜地發現，一本原本是以滿足經理人員的書籍，竟然會對自己的生活，以及我的客戶們產生這麼深遠的影響。我相信書中的概念能改變諮商這個行業。我現在都要自己所有的客戶得閱讀這本書。

──傑森‧比爾德，家庭諮商師

　　你會不會對這個世界感到憂心和憤怒，是不是不理解為何自己老是抱著批判的態度，覺得有莫名的恐懼，或是對同事控制不住情緒，卻又說不出來什麼原因？你會不會覺得很

絕望，卻又改變不了什麼？學學這本很精彩的書裡一些實用的工具，趕快將你的問題連根拔起！

——馬可仕・卡基納・漢茲基爾，專業認證輔導及培訓師、西班牙Renewal公司創辦人暨總裁

本書寫得很出色。亞賓澤協會掌握了隱藏在生產力和創造力的關鍵。不論如何，你一定要讀讀這本書。

——戴夫・布朗，亮視點公司前任總裁暨執行長

每個讀過的讀者都覺得這本書是寶藏。在我服務的機構已把這本書傳給許多人，看到大家對彼此的態度和行為改變時，也感到相當的驚訝。每一天，每個人都多付出一點，讓自己變成更好的領導者，更重要的是，變成更好的人。

——努拉・莫菲，全球金融服務公司資深副總

本書就像一面明鏡，把我們替自己的錯誤找理由時的醜態照得一覽無遺，不過結果並不是自怨自艾，或是什麼處

罰，而是看見要活得更真誠，擺脫我們把自己和別人畫地自限的框架。我經常樂於見到，亞賓澤協會的想法幫了我的客戶解決令人苦惱的家庭紛爭，協助他們找到解決之道。

──尼爾・丹尼，英國威爾特郡家庭律師

很出色的一本書。它有助於你瞭解，為何有那麼多人製造出問題，卻又不願意看清自己就是製造問題的中心，然後又拒絕其他人的幫忙，幫他們可以停止製造問題。

──羅伯・莫里斯，亞馬遜排名前50大書評家

我在出版界25年了，很少讀到一本能像本書一樣，讓人印象深刻，又能改變人生的書。

──大衛・森佛，克瑞多通訊出版公司版權經紀人

在一次年度策略規劃的會議上，有人推薦了這本書給我。對於裡面講的事實和簡單的解決之道，我感到相當驚訝。現在我們整個管理團隊都在讀這本書，它已經變成我們

個人和組織發展的基石。

　　──瑞克‧查克，加鐵士（**Cal-Tex**）防護塗料公司執行長

　　運用這本書的概念，我跟生意上的朋友合創了一間保健公司，我很驚訝書裡寫的東西竟然能幫我們達到這樣的程度。仔細閱讀以及重複看這本書，已經證明比我們之前採用過任何的生產力、團隊建立，或是領導力訓練都還要有效。

　　──馬克‧巴利夫，梅子（**Plum**）保健公司執行長

跳出問題的框框

不再自我欺騙，察覺自己是問題的核心，
問題才能迎刃而解

Leadership and Self-Deception:
Getting Out of the Box

亞賓澤協會（The Arbinger Institute）◎著

徐源懋◎譯

久石文化事業有限公司　發行

```
國家圖書館出版品預行編目資料

跳出問題的框框／
亞賓澤協會（The Arbinger Institute）著；徐源懋 譯. --初版--
臺北市：久石文化，2024.08〔民113〕
  面；公分. --(Learning; 051)
譯自：Leadership and Self-Deception
    ISBN 978-626-95288-6-8（平裝）

    1.CST: 領導理論  2.CST: 欺騙

494.2                                  113008184
```

Learning 051

跳出問題的框框

作　者／亞賓澤協會（The Arbinger Institute）
譯　者／徐源懋
發行人／陳文龍
總編輯／黃明偉
特約編輯／王于菁
特約校對／王靜怡
出版者／久石文化事業有限公司
地　址／台北市南京東路一段二十五號十樓之四
電　話／(02)2537-2498　傳　真／(02)2537-4409
粉絲頁／https://www.facebook.com/longstonetw
E-mail／longstonetw@gmail.com.tw
郵撥帳號／19916227　戶　名／久石文化事業有限公司
總經銷／紅螞蟻圖書有限公司
電　話／(02) 27953656　傳　真／(02)27954100
出版日期／2024年08月
定價／新台幣420元

ISBN 978-626-95288-6-8

有著作權，侵害必究（Printed in Taiwan）
Leadership and Self-Deception 3rd Ed.by The Arbinger Institute
First published by Berrett-Koehler Publishers, Inc., Oakland, CA, USA.
Complex Chinese Translation ©️ 2024 by Longstone Publishing Co., Ltd.
through Andrew Nurnberg Associates International Limited
 All Rights Reserved.

CONTENTS

目　錄

前言　017

第一部份　「自我欺騙」和「框框」　023

1. 新主管的開場白　025
2. 找出問題　030
3. 自我欺騙的影響　036
4. 隱藏在其他問題下的問題　046
5. 不只是有效帶領團隊　052
6. 決定影響力有更好的選擇　067
7. 把人當作人還是物體　082
8. 懷疑　094

第二部份　我們為何會掉進「框框」裡　105

1. 我的大老闆　107

2. 我的疑問　113

3. 自我背叛　118

4. 自我背叛的特徵　130

5. 掉進框框裡的生活　144

6. 共犯結構　158

7. 待在框框裡的焦點　180

8. 框框造成的問題　187

第三部份　　如何跳脫「框框」　　199

1. 公司前總裁　201

2. 框框裡的領導方式　207

3. 準備跳出框框　215

4. 進退兩難　219

5. 跳出去的方法　236

6. 在框框外發揮領導力　251

7. 領導者的誕生　267

8. 另一個契機　272

附錄：讀者連結　　285

1. 組織中有關自我欺騙的研究　287
2. 從快要改變到心態上真正改變　295
3. 領導力和自我欺騙的關聯性　298

前言

　　長久以來,「自我欺騙」(self-deception)這個議題雖然一直是哲學家與專家學者研究人文科學的核心問題,但一般大眾通常不會注意到。那倒也還好,只不過在我們的生活當中,「自我欺騙」觸及了每個層面,用「影響」這樣的字眼描述其程度,或許還過於客氣。事實上,在我們的生活中各方面的經驗,都是由「自我欺騙」來決定的。探討「自我欺騙」的影響程度,特別是它是如何決定別人對我們的影響力,以及所帶給我們的經驗,正是本書的主旨。

　　為了讓大家對這個議題產生的利害關係有點概念,不妨思考一下以下的比喻。有個寶寶正在學怎麼爬,剛開始她只會在房間裡倒著爬,爬著爬著自己卡在傢俱後面,扭來扭去接著開始大聲哭鬧,用她小小的頭撞擊傢俱邊緣和底部,她被困住了,而且很氣這個傢俱。於是,她做出唯一想到能脫

困的方式——就是撞得更用力,結果卻讓問題變得更嚴重,把自己卡得更緊。

假如寶寶會講話,就會把自己的困境歸咎於傢俱上。畢竟,所有能想得到的她都已經做了,問題一定不在於她。但當然,問題是在她自己,只是她看不到癥結點。雖然能想到的每個方法她都做了是沒錯,不過真正的問題,是在於她看不到自己本身就是問題。在這樣的前提下,她便無法想出任何解決問題的方法。

「自我欺騙」的情形就像這樣。它讓我們看不到問題真正的原因,一旦看不到真正的問題,我們所能想到的任何「對策」,事實上都只會讓問題變得更糟。不管是工作或在家裡,「自我欺騙」讓大家沒辦法看清楚事情的真正情況,也扭曲了我們對他人和自己所處環境的看法,以至於影響到我們做出明智和有利決定的能力。就程度上而言,我們的幸福指數和領導能力都因為受到「自我欺騙」的影響而每況愈下,就像前面的例子,問題不是傢俱所產生的一樣。

我們寫這本書的目的,是為了教大家解決這個問題中最

核心的部分。在我們教授有關「自我欺騙」及其對策的經驗裡，發現到大家認為這樣的知識能讓自己重新找到自由。這些觀念讓視野變得更敏銳，能減少彼此間的衝突，活絡團隊合作的動力，使大家變得更當責（accountability），並且提升達成目標的能力，同時讓自己覺得更滿意也更幸福。我們不論是在和紐約和企業的高階主管、北京公部門的領導幹部或約旦河西岸的社會運動人士，還是巴西的親子教育團體分享這些觀念時，全都適用。儘管每個人在某種程度都會有其個人或是文化上「自我欺騙」的情形，但是只要能找到如何可以跳脫「自我欺騙」的方法，就能找到希望，產生新的可能，找到長久的解決之道。

這本書的第一版是在2000年發行，在2018年出的第三版中，裡面的內容已經更新，我們在最後的篇幅增加新的章節，敘述在企業組織中研究「自我欺騙」的重要性，怎樣來衡量公司裡「自我欺騙」行為的程度，以及在第一版出版了近20年後，大家如何以不同方式運用這本書和其中的觀念。

剛開始，有些讀者發現我們的書是以小說的方式呈現而

感到驚訝。儘管是虛構的，不過書中故事人物的經驗都是根據我們自己和客戶們實際經歷過的，所以也算是真實故事，而大多數的讀者告訴我們，他們從書中看到了自己的影子。正因為如此，這本書對於「自我欺騙」的問題本身與解決之道，傳達的不僅僅是概念，而且也包含可以實際運用的方法。

本書因此成為領導管理類的暢銷書。2006年出版的《和平無關顏色》（The Anatomy of Peace），便是以本書裡頭的故事和理念為基礎的延伸。有超過10年的時間，這本書在「戰爭與和平」和「解決衝突」（Conflict Resolution）這類的書籍中，高踞排行榜第一名。我們最新的一本暢銷書是《不要窩在自己打造的小箱子裡》（The Outward Mindset），呈現了企業組織如何成功落實最開始在本書所闡述的概念。不論對於個人或團體，這些書幫助讀者們以全新的方式看待自己的職場生涯和日常生活，繼而就過去自己認為問題是出在別人身上的癥結點，找到既實際又有效的解決方法。

我們無法預見本書會出現這樣的情形，所以當這本書第一次出版時，只有少數的人聽過亞賓澤協會（the Arbinger Institute），而我們選擇以公司的名字出版，也跟業界習慣的做法不同。不過這本書卻開闢了一條新的道路，現在成為類似模式歷久不衰的經典範例。我們對於在前言中說出「自我欺騙」這個問題，以及所能提供的對策，可以帶給大家全新的視野，並且幫各位有信心在個人及專業上產生影響力——影響到你怎麼看你自己，如何看待別人，怎樣用不同的角度面對挑戰，以及解決你過去用一貫做法處理不了的問題。

第一部份

「自我欺騙」和「框框」

1　新主管的開場白

　　一個豔陽高照的夏日，時間將近上午九點左右，我正趕往所屬的傑格魯公司參加到職以來最重要的一項會議。當我走過兩旁佇立著行道樹的園區時，回想起兩個月前，第一次踏進這家宛如校園的公司總部應徵一個高階主管的職務。我注意這家公司十多年了，當時我還待在傑格魯其中一個競爭對手的公司，而自己也早已厭倦排行老二的滋味。在經過八次的面試，花了三週時間等候通知，傑格魯決定錄用我，讓我負責帶領其中一條生產線。

　　如今已經一個月了，我正準備參加傑格魯內部一項很特別的高階主管儀式——一項為期一天，和執行副總巴德‧傑佛遜進行一對一的會談。巴德是傑格魯總裁凱特‧史坦娜魯德的左右手，也因為管理團隊改組，他將成為我的新任主管。

我一直試著了解這項會議到底在幹嘛,不過我同事講的讓我摸不著頭緒。他們提到會發現如何解決「人的問題」,又講為什麼會沒人把焦點放在結果上,還說到所謂的「巴德會議」最後會衍生出哪些策略,而這些都是傑格魯會這麼成功的關鍵。他們講的我完全搞不清楚,但我還是很期待跟自己的新主管會面,也希望讓他留下好印象。

巴德‧傑佛遜是50歲左右的人,不過看起來更年輕,但是他個性上有點怪:他很有錢,卻開一台沒有鋁圈蓋的國民車;高中差點被退學,後來卻拿到哈佛的法律和商學學士學位,以優異的成績畢業;他很有藝術天分,卻也離不開披頭四的音樂。儘管有這些很明顯矛盾的地方,或許正因為這樣,巴德成為大家的焦點,公司裡大多數的人都很欣賞他。

從我所在的8號樓走到中央大樓的大廳要花12分鐘。連接傑格魯的10棟大樓之間有許多通道,我走在其中的一條,通道在橡樹和楓樹的庇蔭下,蜿蜒在「凱特溪」畔,這條跟明信片上風景一樣美的小河道是凱特‧史坦娜魯德的構思,員工們便用她的名字來稱呼它。

當我走在中央大樓外的鐵梯上三樓時,一邊回想著自己進傑格魯一個月以來的表現:我總是最早到公司,又最晚下班的一群,也覺得自己很專注,不會因為其他事情而分心,儘管老婆經常在抱怨,我就是認為要加班,才能比未來幾年可能會跟我一起競爭誰可以升遷的同儕們更棒。我自己點頭表示滿意,也不覺得有什麼心虛的地方。我準備好要跟巴德‧傑佛遜會面了。

到了三樓大廳,巴德的秘書瑪麗亞迎接我。「你一定是湯姆‧科倫。」她講話時充滿熱情。

「沒錯,麻煩妳,我和巴德約好九點鐘。」我說。

「好的,巴德要我讓你在東側的會議室等他,他大概再過五分鐘就會到。」瑪麗亞帶我經過走廊來到一間很大的會議室。我走到大片的玻璃窗旁,在康乃狄克州的綠蔭扶疏當中,欣賞著校園般的美景。大約一分鐘後,門口傳來敲門聲,巴德走了進來。

「湯姆,你好,謝謝你過來。」他笑容可掬地說著,同時伸出手跟我握手。「請坐,要喝點什麼嗎?咖啡還是果

汁？」

「不用，謝謝。」我回答說：「早上已經喝了不少。」

我在最靠近的一張黑色皮椅坐了下來，背對窗戶，等著巴德開始講，他正在角落的飲料區倒水，拿著水走過來時，手裡除了水壺還多帶個玻璃杯，巴德把東西放在我們兩個之間的桌子上。「這裡有時候很熱。我們今天早上有很多事情要做，如果有需要的話，你自己來。」

「謝謝。」我回答得有點卡卡的。對於他的態度我很感謝，不過還是不確定到底要幹嘛。

「湯姆，」巴德突然開口說：「我今天請你過來是有原因的——一個很重要的原因。」

「了解。」我試著掩飾自己的不安，淡淡地回答說。

「你有個問題，如果你想在傑格魯有所作為，就得解決這個問題。」

我突然感覺好像肚子挨了一拳，雖然自己試著擠出適當的字眼來回應，不過腦中思緒亂成一團也啞口無言。我當下覺得自己的心跳加速，而且臉上三條線。

儘管我在職場上的表現一直很出色，自己卻有個不為人知的弱點，我很容易亂了方寸。為了彌補這項缺點，我甚至學著放鬆臉部和眼球肌肉，才不會讓不自然的抽動洩露出自己不安的情緒。就像現在，我立刻知道自己臉上的表情得趕快跳脫心裡所想的，不然就會緊張得像個三年級的小學生，每次在老師發還作業時，盼望能夠得到一張「好棒棒」的貼紙。

最後，我擠出了幾個字，說道：「有問題？你的意思是？」

「你真的想知道？」巴德問。

「我不確定耶，我想我得知道，聽起來是這樣。」

「沒錯，」巴德也表示同意地說：「你的確應該知道。」

2　找出問題

「你有個問題。」巴德接著說:「公司的人知道,你老婆知道,你岳母也知道,我甚至敢打賭連你的鄰居都知道。」儘管他講的話咄咄逼人,不過臉上還是笑笑的。「問題是你自己卻不知道。」

我非常吃驚。如果連我都不知道問題在哪,又怎麼會知道自己有問題呢?「恐怕我不了解你的意思。」我這麼說,試著保持鎮定。

巴德點了點頭。「我們想想一些情況。」他說:「舉個例子,有時候你老婆在你之後需要用車,而你知道已經快沒油了,是不是還是把車開回家,然後跟自己講,反正她可以早一點出門去加油?」

我思索了一下。「我想我是做過這樣的事,沒錯。」但是又怎樣呢?我納悶著。

「或是你是否答應過要花時間陪小朋友的，但後來卻又因為有其他事情而黃牛？」

腦海中想到我兒子陶德。真的耶，我現在並沒有常常陪他，然而我不覺得我有錯。

「或是有的情況是，」他接著講：「你帶了小朋友到他們想去的地方，卻讓他們覺得不該去。」

沒錯，不過至少我帶他們去了。我跟自己講，難道做這些沒有意義嗎？

「或是例如：你有沒有過把車停在殘障車位，然後假裝腳受傷，才不會讓別人覺得這個人怎麼這樣。」

「絕對沒有喔。」我反駁說。

「沒有過？那好，你有沒有過車子違停，然後裝得匆匆忙忙跑下車，人家看到才會覺得你就是因為有事才一定得停那？」

我感到坐立不安。「或許吧。」

「或者是你有沒有過，知道有一些事由同事來處理會讓他身陷麻煩，而你本來可以很容易就警告他，或是阻止他這

樣做呢?」

我啞口無言。

「講到在公司裡,」他接著又說:「你有沒有過隱瞞了一些重要訊息,即使知道這些資訊可以幫同事一個大忙?」

我得承認,自己是做過這樣的事。

「或是有時候你會瞧不起自己周圍的人?甚至罵他們懶惰、能力很差之類的呢?」

「我不知道算不算責罵過他們?」我講得唯唯諾諾。

「當你認為別人的能力不夠時,又會怎麼做?」巴德問道。

我聳聳肩,「我想我會試著用其他方式改變他們。」

「所以你會想辦法表現得很和善,或放下身段,好讓他們去做你想完成的事?」

我認為這樣講並不公平。「事實上,我覺得自己已經盡力好好照顧同仁了。」我反駁說。

巴德停了一下,他說:「湯姆,我相信你有在做。不過我問你一個問題,當你講你在『好好照顧他們』的時候,自

己的感覺怎樣？還會認為他們是問題嗎？」

「我不太懂你的意思。」我回答說。

「我的意思是，你會不會覺得自己得『忍受』這些人——是不是認為如果搞不定某些同事，你就得用盡洪荒之力，才能成為成功的管理者呢？」

「搞不定？」我停了一下問道。實際情況是，我知道巴德講的，不過並不同意我認為他所暗指的意思，我急著找個可以幫自己辯解的理由。「我想有些同仁不夠勤快，能力方面也還不足是事實。」最後我這麼回答，「你是說我這樣認為錯了——沒有一個人懶散，能力也都很好？」話一出口，心裡就痛罵自己怎麼用這樣的話回答，因為「沒有一個人」這種字眼似乎過於強烈。

巴德搖搖頭，他說：「我不是這個意思，有些人的確很懶散，不過就像我自己，要處理一大堆事情的時候能力就有點不夠。」他停了一下，接著說：「那麼你遇到跟自己認為懶散或能力不夠的那些人意見不同時會怎麼做？」

我思考了一會兒說：「那得看情形，我對有些人會很直

接,不過對有的人那樣做並不是很有效,我就會改採其他方式讓他們動起來。有的人我會試著鼓勵他,有的則需要動一點腦筋,才能讓我自己有優勢。不過我學到如果我面帶微笑,也似乎有一點幫助。事實上,我覺得自己在人這方面處理得還不錯。」

巴德點點頭。「我懂你的意思,不過等我們談完之後,你可能會有不一樣的想法。」

這些話讓我感到忐忑不安。「『好好照顧他們』有什麼不對嗎?」我反問說。

「是沒什麼不對,但是你這不叫做好好照顧他們。」巴德說:「我覺得你可能會發現,自己對大家的方式不如你所想的那樣,而且造成的傷害也可能遠超過你所想的。」

「傷害?」這讓我驚訝。我感到滿臉通紅,並試著控制自己的情緒,我說:「恐怕你得說一下這話中的意思了。」這樣講連我自己聽起來都像要吵架一樣,我的臉也更加通紅。

「我樂於說明清楚。」他不疾不徐地說:「我可以協助

你瞭解自己的問題在哪——以及如何解決問題,這就是我們會談的目的。」他停了一下,接著補充說:「我能幫你,因為我自己也有同樣的問題。」

3　自我欺騙的影響

「湯姆，你有小孩嗎？」

問出這個簡單的問題讓我覺得開心了一些，臉上又恢復了生機。「為什麼這樣問？有的，我有一個小孩，他叫陶德，16歲了。」

巴德笑著。「你還記得陶德出生時，自己的感覺嗎？覺得對你的生活會有怎樣的變化？」

我努力把記憶拉回陶德出生之際——那是一段痛苦、心痛的回憶。他很小就被診斷出有注意力不足（attention deficit disorder）的症狀，很不好帶，我和我老婆蘿拉經常為了管教問題吵架。隨著陶德長大，問題也越來越嚴重，他和我的關係並不算太好。在巴德的引導下，我試著回想他出生時的點點滴滴，「沒錯，我記得是這樣。」我掉進了回憶裡，「我記得緊緊抱著他，對他的未來充滿希望——當時覺得還有不

足的地方,甚至不知道扛不扛得下來,不過同時又感到很欣慰。」片刻之間,這段回憶現在想起來,稍稍舒緩了當時的痛苦。

「我的過程也一樣。」巴德說:「你介不介意我講講自己第一個孩子大衛出生時的故事?」

「請說。」我說,很慶幸是聽他講,而不是要我講自己的。

「我當時是一名年輕律師,」他開始講:「任職於國內一間非常知名的律師事務所,上班時間很長。我負責的其中一個案子,是涉及全球30間銀行的聯貸案,我們的客戶是這個案子的主辦銀行。

這個案子很複雜,裡面有很多律師參與。我是團隊中倒數第二菜的,主要任務是負責草擬聯貸案下大概50項左右的協議。這個案子很大,是個誘人的機會,要到國外出差,牽涉的金額也很大,還能見到許多大咖。

在我被指派參與這項專案後的一個星期,南茜發現她懷孕了,我們兩個都很開心。八個月後大衛出生了,那天是12

月16號。在他出生前夕，我加緊努力完成工作，以便可以交接出去，這樣我就有三週的時間可以陪小寶寶。我想我這輩子從來沒有這麼快樂過。

不過就在這個時候來了一通電話，那天是12月19號。專案的主要負責人打給我，說我必須到舊金山參加一項全員參與的會議。

『要待多久？』我問。

要一直待到案子結束——可能是三個星期，也可能是三個月。我們得待到案子完成為止。」他說。

「我心裡很不舒服。想到要把南茜和大衛孤零零留在維吉尼亞州亞歷山大的家裡，就讓我難過。我花了兩天的時間處理好華盛頓特區的事，然後很不情願地搭上前往舊金山的班機。我把心愛的家人留在雷根國家機場，手臂夾著一本相簿，強迫自己和她們分開，走進了機場大門。

等抵達舊金山辦公室的時候，我是最慢到的成員，連倫敦辦公室的同事也比我還早到。我搬進位於21樓的最後一間客用辦公室，而其他人的則是在25樓。

我定下心來好好工作，大部分的事情都在25樓——開會、跟所有單位協商等等，只有我自己是在21樓——陪伴我的只有工作，和那本在書桌上翻開著的相簿。

我每天從早上六點工作到半夜，一天三餐我會到大廳的熟食店買個貝果或沙拉，然後再回到21樓，一邊吃一邊看文件。

假如你問我當時我的目標是什麼，我可能會告訴你，我是想著『盡量擬出最好的協議內容，保障我們的客戶，把案子完成』之類的，不過我想讓你知道一些我在舊金山的經驗。

所有跟我處理的文件裡有關的重要討論都發生在25樓，而在25樓的溝通內容對我來說應該也非常重要，因為我得在草擬的文件中把每一項異動考慮進去。不過，我並不常上去25樓。

甚至在我吃了十天大廳熟食店的東西後，我才發現25樓的主會議室裡，全天候供應餐點給所有的團隊成員。我很不高興，因為根本沒人告訴我，而且這十天以來，我有兩次因

為沒把變動的內容加進文件中而被罵得很慘，這也沒有人跟我講過！另一次被痛罵是因為我很難找到人，在那段期間裡還有兩次，專案的主要負責人就一些問題問我的意見，而那些問題我壓根沒想過――但只要我認真思考，其實都想得到。那些問題都屬於我負責的範圍，我的工作不該由他來做。

那麼，湯姆，問你一個問題，就這些你所得知我在舊金山的經驗，你會認為我是真的在『盡量擬出最好的協議內容，保障我們的客戶，把案子完成』嗎？」

「不會。」我搖搖頭說，很驚訝這麼容易就抓到巴德・傑佛遜的心思。「聽起來你心有旁鶩，完全不像專注在這個案子裡。」

「沒錯。」他同意地說：「我並非專注其中，你覺得專案的主要負責人看不出來嗎？」

「已經過了十天，我覺得應該很明顯。」我這麼說。

「他看得很清楚，至少有好幾次痛罵我。」巴德說。「這麼說吧，你認為他會覺得我對於團隊能達成任務抱持希

望嗎？或覺得我很投入？或是盡了最大努力協助團隊的其他成員呢？」

「不，我不這麼認為，你讓自己和其他人離得遠遠的，提高了這個案子的風險――也就是他的風險。」我回答說。

「我完全同意你講的。」巴德說。「我變成了大家的問題，這一點無庸置疑。我對這個案子不用心，也不投入，更對於團隊沒抱希望，而且造成其他人的困擾等等。但是你想想：如果有人怪我不夠投入或不夠用心，我會有什麼反應？你覺得我會認同他們的批評嗎？」

我想了一下。「不太可能，被別人批評時，本來就很難認同對方的意見。假如有人這樣怪你，你應該會替自己找理由吧！」

「想一想我會用的理由。」巴德點點頭說。「想想看：誰會把剛出生的小寶寶留在家裡，去舊金山？我。誰又會一天工作20個小時？也是我。」他越講越激動。「又是誰被迫跟其他人隔了四層樓單獨工作？是我。另外，大家是不是忘記告訴誰一些基本要知道的，例如有供應餐點？還是我。所

以從我的角度來看,是誰在給誰製造問題?」

「嗯,我想你應該會認為別人才是問題的主因。」我回了他,也覺得這樣子調侃他很有趣。

「的確是這樣。」他說。「那麼就投入、專注,以及對團隊抱持希望等方面呢?你是不是也發現,從我的角度而言,我不僅僅相當投入,甚至還是團隊中最拼命的?因為從我自己的觀點來看,沒有人像我一樣面對這麼多的挑戰,而且儘管有這些問題,我還是非常賣力。」

「沒錯。」我說的同時,一邊放鬆把背靠回椅子,一邊點著頭表示肯定。

「那麼我們再想一下。」巴德又站起來開始踱步。「記住這個問題,我被認為不夠專注、不夠投入,對團隊也不抱持希望,又給大家製造困擾,這都沒錯,都是大問題,可是還有一個更大的問題——這也是我們需要談談的問題。」

他的話讓我聚精會神。

「這個更大的問題,便是我看不到問題是在我身上。」

巴德停了一下,把身體往前靠近我,用更低沉、更誠懇

的聲音說:「以這個例子而言,沒有解決更大的問題,不夠投入的問題便無法解決,而這個更大的問題,就是我看不到自己不夠投入。」

我突然覺得很不自在,也再次可以感到自己的臉上面無表情。我陷在巴德的故事裡,忘了他跟我講這些是有原因的。他講這個故事是給我聽的,他一定認為我有這種更大的問題。儘管我努力冷靜讓自己跳脫情緒的反應,但是我的臉跟耳朵開始熱了起來。

「湯姆,像這類我在舊金山所經歷,自己很明顯看不到實際狀況的情形,是有個專有名詞的,學者和心理學家們把它稱之為『自我欺騙』(self-deception)。在傑格魯,我們用的詞沒有那麼專業——我們把它叫做『被困在框框裡』(being in the box)。意思是,當我們被自我欺騙了,代表我們『在框框裡』。你以後對這個框框會有更多的了解,不過可以先這樣想:當時我在舊金山的經驗算是『被困住了』,我被困住的原因,是我有一個自己不認為存在的問題——一個自己看不到的問題。因為我只從個人狹隘的觀點看事情,

聽不進任何跟自己想法不一樣的建議。所以我那時候被困在框框裡——隔絕了和別人的關係，既封閉，也看不到實際狀況。這樣講合理嗎？」

我點點頭。

「在組織裡，沒有比自我欺騙還要普遍的現象了。」他接著說：「舉個例，想想你的工作經驗裡，有沒有哪個人本身就是個大問題——比方說，某位老兄一直無法讓團隊好好運作。」

那倒簡單——有個叫查克・史德立的，他是我上一個公司的營運長，真的是個混蛋，沒什麼好講的。他不會管別人，只想到自己。「有的，我知道一個像這樣的人。」

「那好，我問你：你想到的這個人會不會跟你有一樣的想法，認為他自己是個問題？」

我用力搖頭。「不，絕對不可能。」

「情況通常都是這樣，知道某個人有問題，而你也會發現往往不承認自己是問題的也是他，這就是自我欺騙——自己看不到問題，也不認為自己有可能是問題的中心。」

「在組織中所有的問題裡,」巴德說:「自我欺騙是最普遍,也是殺傷力最大的問題。」他停了一下讓問題的重點浮現。「湯姆,想想看,你在處理某個問題的時候,如果製造問題的人拒絕去想他們本身怎麼會是問題,那麼你在處理上就不會有什麼進展。所以在傑格魯,我們最高策略的目標,是盡量減少個人和組織中自我欺騙的情形。」

巴德起身開始走來走去,他說:「為了強調這一點為何對我們這麼重要,我必須跟你講個醫學上曾經發生過的類似問題。」

4 隱藏在其他問題下的問題

「你聽過伊格納茲‧塞麥爾維斯（Ignaz Semmelweis）嗎？」巴德問（他唸的發音有點不一樣）。

「沒有，我沒聽過，是一種病還是什麼？」

「不，不是的。」他淺淺笑了一下。「不過很接近，塞麥爾維斯是19世紀中葉歐洲的一位婦產科醫生。他任職的維也納綜合醫院，是一間進行研究的重要醫院，他在那裡試圖找到婦科產房死亡率偏高的原因。在塞麥爾維斯負責的病房區裡，死亡率是1/10，想想看，每十位生完的產婦有一個會掛掉！你能想像嗎？」

「我不會讓我老婆靠近那個地方。」我說。

「這樣想的不只有你。正因為維也納綜合醫院的聲名狼藉，有些婦女真的先在街上生完小孩然後再去醫院。」

「也不能怪她們。」我說。

「綜合這些死亡產婦的相關症狀，」巴德接著說：「就是所知的『產褥熱』（childbed fever）。當時的傳統醫學是就每一種症狀分開治療，例如紅腫是表示血液過多造成腫脹——他們就幫病人放血，或利用水蛭來處理，而他們也用同樣的方式處理發燒症狀。像是呼吸困難表示空氣不好——於是他們便改善通風，諸如此類。但是沒有任何效果，有超過一半的感染婦女會在幾天內死亡。」

「這種可怕的情形傳了開來。塞麥爾維斯的報告指出，經常看到病患『跪下來握著手』拜託將她們移到病房的第二區，那裡的死亡率是1/50——儘管還是很高，但至少比塞麥爾維斯那一區的1/10要好多了。」

「塞麥爾維斯逐漸觀察到這個問題——特別是為何一區產房的死亡率會比另一區高這麼多。兩區之間其中有個明顯的差異，便是塞麥爾維斯那一區，也就是狀況最差的一區，是由醫師巡房，而另一區則是由助產士巡房。他也搞不懂為什麼會有這樣的差異，於是他控制婦科產房的其他每一項因素，把從生產姿勢到通風和飲食的每件事都標準化，甚至連

洗衣服都有標準。他檢視過每個可能的地方，但仍然找不出答案。他也試過每一種方法，不過對於死亡率並沒有明顯的改善。」

「後來發生一件事。他離開了四個月到另一家醫院去，回來之後，他發現自己不在的期間死亡率明顯下降。」

「真的嗎？」

「的確如此。他不清楚為什麼會這樣，但很明顯死亡率降低了，他試著探究其中的原因。慢慢地，他的疑問讓他想到，是不是有可能跟醫生研究大體有關。」

「大體？」

「沒錯。要記得，維也納醫院是一座教學和研究醫院，許多醫生研究大體之外還要花時間照顧病人。醫生們不認為這樣的做法有什麼問題，因為當時還沒有細菌的觀念，他們看到的只是症狀。而在檢查過自己平常的工作流程，並且比較別人在他不在期間的做法後，塞麥爾維斯發現到其中唯一的明顯差別，就是在於他花了更多的時間在研究大體上。」

「從這些觀察裡，他發展出一套『產褥熱』的理論，這

項理論後來成為細菌理論的先驅。他的結論是，大體和其他病患身上的『小東西』，藉由醫生的手傳給了健康病人，於是他馬上訂出一項規定，要醫生們在檢查病人前先用漂白水好好洗手。結果你知道發生了什麼事？」

我搖搖頭說：「結果怎樣？」

「死亡率立刻降到1/100。」

「所以他的理論沒錯。」我幾乎是用悄悄話的語氣說：「這些醫生是傳播者。」

「正是。事實上，塞麥爾維斯還曾經很難過地講：『只有老天知道有多少病患因為我而離開人世。』想想看在那種情況之下，醫生們已經盡了自己專業上的全力，卻傳播了他們本身也不知道的疾病，這些病又導致許多影響健康的症狀，而一旦出現這些症狀的共同原因後，只要藉由一個小小的動作就能避免──這個共同的原因，也就是我們後來所稱的細菌。」

巴德的話就此打住。他把手放在桌上，身體往前靠向我。「在組織裡也散布著一種類似的細菌──我們在某種程

度上都帶著這種細菌，它會毀掉組織中的領導效能和團隊合作，也會造成許多『人的問題』，不過這種細菌是可以被隔離和消滅的。」

「是怎樣的細菌？」我問。

「就是我們剛剛一直在談的，」巴德回答說：「『自我欺騙』──也就是困住我們的『框框』，或是講得更明確一點，自我欺騙是一種病，我們要了解的，便是造成這種疾病的細菌。湯姆，我想跟你講的是，就好比發現產褥熱的病因，找到自我欺騙的原因，便等於發現了一堆症狀的病因，得以解釋我們所講的『人的問題』，跟在許多明顯截然不同的情況下，卻有相同原因的道理一樣──從領導管理到激勵團隊，以及各方面的問題──都是起源於同樣的事。瞭解了這種道理，便能有效解決之前都沒能處理好所謂人的問題。要克服並且解決掉這些問題，有個明確的方法──不是等問題出現，才一個一個處理，而是得用釜底抽薪的做法。」

「這樣的主張聽起來很前瞻。」我說。

「的確，」巴德回應著。「不過我的意思也不是要你照

單全收，我會試著幫你，讓你自己發現這個道理。我們需要你理解它，才能確保訂出的策略是基於這個道理為出發點，並且在你的部門能夠落實。」

「沒問題。」我說。

「首先，」他說：「我想你可能對我一開始加入傑格魯時，跌跌撞撞的過程會有興趣。」

5　不只是有效帶領團隊

「在律師事務所做了九年之後，」巴德開始說：「我離職到席爾拉產品系統公司當法律顧問，你還記得席爾拉這間公司嗎？」

由席爾拉開發的好幾項製程，是傑格魯在高科技製造領域能有今天位置的關鍵原因。「當然記得。」我回了他。「他們的技術改變了這個產業，後來公司怎麼樣了？」

「他們公司被併購——被傑格魯併的。」

「真的嗎？我沒聽過這件事。」

「併購案有點複雜，不過總體來說，傑格魯買下大多數席爾拉有用的智慧財產權——像是專利之類的。這是16年前的事了，當時我是席爾拉的營運長，因為這項併購案才到傑格魯，不過對於怎麼進去的我還搞不清楚。」巴德伸手拿杯子喝了幾口。「在當時的傑格魯有點神祕，不過突然之間，

我被引介給傑格魯的神秘人物——正確地說，是在我參加的第二次大型會議上。

因為非常熟悉希拉爾的關鍵併購案，我成為傑格魯管理團隊的一員。在我參加的第一次會議裡，就被指派了好幾項困難的任務，得在下一次會議前完成，也就是兩週之後。這些工作的份量很重，還要學一些運作方式和其他的東西。

最後，到了下次開會的前一個晚上，我只剩一項工作沒做完。因為時間很晚，又很累了，自己認為也已經完成了這麼多項，剩下一項應該不會有什麼影響，於是就先擱在一旁。

第二天開會，我報告自己完成了哪些內容，也提出一些建議，並分享我蒐集到的重要資訊，然後告訴團隊，因為我所有的時間花在已經完成的工作上，所以還有一項尚未完成，並沒有提到我遇到了什麼困難。

我永遠不會忘記接下來發生的事。當時的公司總裁是路·赫伯特，他轉向凱特·史坦娜魯德，那時凱特在我現在的位子，路要她接手這項工作，並在下次開會前完成。會議接

著由其他人繼續報告,沒有人再提及我漏掉的工作,但我注意到,我是團隊裡唯一一個還有待辦事項的人。

會議中的其他時間,我一直在想這件事——覺得超尷尬,覺得自己很渺小,在想我是不是屬於這個團隊,想著我有沒有想要成為這個團隊的一員。

開完會後,同事們正在聊天,我把文件收到公事包裡。那一瞬間,我覺得自己彷彿不是團隊中的一份子,於是靜悄悄地從一些正在聊天的同事旁走過,朝門口而去。這時,我覺得有人把手搭在我的肩膀。

我一轉頭,看到路在微笑,他用慈祥又銳利的眼神看著我,問我介不介意跟我走回我的辦公室。我很訝異他在開會的時候那樣對我,現在卻來找我,我回他,樂意之至。」

巴德停了一會,讓自己跳脫記憶中的往事。「湯姆,你不認識路,在這裡也可能還不夠久,沒聽過一些故事,不過路・赫伯特的確是個傳奇人物。他靠著一己之力,讓一間普普通通的二流公司搖身一變成為業界翹楚——儘管他也有弱點,而有時正因為他的弱點,反而讓公司扶搖直上。他在傑

格魯的時期，公司裡上上下下對他都非常忠誠。」

「其實我聽到過一些故事。」我說。「我還記得在我還任職於特崔克斯的時候，那裡的高層似乎也很欣賞他——特別是特崔克斯的執行長喬·艾莫瑞茲，他覺得路可以說是這個產業的開路先鋒。」

「他講得沒錯。」巴德也贊同。「路的確是我們產業的開路先鋒，不過喬並不清楚他影響的程度有多大，這也是你之後所要學的東西。」他強調說。「儘管路已經退休很多年了，但他每個月還是會來公司幾次，看看大家做得如何。他的意見還是很寶貴，而我們也仍然為他保留了一間辦公室。

不管怎麼講，我進公司之前就已經聽過很多有關他的傳奇故事，所以你或許可以理解，那次開完會後我內心不安的感受。我覺得自己被打入冷宮，也很擔心路對我的印象，而他卻又在這個時候問我可不可以陪我走回辦公室！我很高興他能陪我一起走，但也很害怕——至於怕什麼，我自己也不知道。

他問我搬家的狀況如何，是否已經把家人安頓好，心情

怎麼樣，還有我喜不喜歡在傑格魯的工作挑戰。他聽我講到南茜還不習慣搬來這裡時，臉色有點黯淡，也答應我會親自打電話給她，看看有什麼是他能幫上忙的——當晚他就打了。

當我倆走到辦公室門口，我正準備轉身進去時，他用瘦瘦而結實的手抓著我雙肩，滿是皺紋的臉龐彷彿訴說著經歷過的風風雨雨，他直視著我的眼睛，慈祥的看著我。『巴德，』他說，『我們很高興團隊有你的加入。你有潛力，人也不錯，幫了團隊不少忙，不過，你下一次絕對不要再讓團隊失望了，好嗎？』」

「你沒開玩笑吧？」我難以置信地問。

「沒錯。」

「我沒有批評路的意思，」我說，「但想想你做了這麼多，我認為還是有點不必要，你可以講些理由頂回去的。」

「是可以這樣。」巴德也同意。「可是你知道嗎？我並沒有那樣做。路講這些話時，我沒反駁他。甚至可以這麼說，我被他的話所啟發。我發現自己回了他：『路，不會

的，我不會再讓你們失望了。』

我知道這聽起來很老掉牙，但路就是這樣的人，做事很少照本宣科。假如有100個人在開會時對我那樣子，大概只有一個像路這樣會讓我願意合作，而不是讓我覺得不爽。按照一般的做法，他講的話應該行不通，但無論如何卻收到了效果。而且只要是路一出手，通常沒有不成功的。湯姆，問題在於，為什麼呢——為什麼路做的方式有效？」

問得好。「我也不知道。」我聳聳肩，最後這麼說。然後，馬上又想到一些東西，我說：「可能是因為你就是知道路關心你，所以你沒有感受到自己本來以為可能會有的威脅。」

巴德微笑著，在我對面的椅子坐了下來。「所以你認為我可以感受得到——路是怎麼看我的。」

「沒錯，我認為你感受得到。」

「湯姆，那麼你的意思是，我主要是在回應路是怎麼看我的囉——或至少是，我認為他是怎麼看我的——而他對我的態度，比他的話或是動作還要重要，你的意思是這樣嗎？

我仔細思考了一下這個問題,在想我跟別人互動時在意的事情有哪些。我的確很在意別人是怎麼看我的——例如我太太是怎麼看我的,或是她是否只想到自己。我對她或其他人的回應方式,似乎總在於我覺得他們是怎麼看我的。「對的,我想我的意思正是如此。」我說。「假如我覺得某個人只想到自己,那麼對於他們所講的,我通常會打一點折扣。」

巴德點點頭。「幾年前,我們這裡有個很好的例子。6號樓有兩位同仁就是沒辦法一起共事,其中一位叫蓋比,跑來跟我討論這個狀況,他說:『我已經不知道還要怎麼辦,不管做了什麼,就是沒辦法讓里昂跟我好好配合,他覺得我對他很冷淡。而我也用了所有辦法,問問他家人的狀況,找他一起吃午餐,能想到的我都做了,不過一點幫助也沒有。』

『蓋比,我要你想一下。』我跟他說。『仔細想一想,當你用盡辦法為里昂做了所有這些事,讓他知道你關心他的同時,你最關心的是什麼——是他,還是他對你的看法?』

「我想這個問題有點出乎蓋比的意料。『也許里昂認為

你不是真的關心他。』我接著說,『因為你真正比較關心的是你自己。』

蓋比最後瞭解到問題出在哪,不過對他來說,這是痛苦的一刻。因為接下來要找到可以解決的辦法是取決於他,得運用一些我們今天要談的內容——以及想法,而且不僅僅可以用在職場上,也能運用在我們跟家人的關係上。我舉一個跟家裡有關的例子。」

巴德對我微笑著。「你可能沒和你太太吵過架,對吧?」

我放聲大笑。「只吵過兩次。」

「呃,我跟我太太南茜幾年前爭吵過一次。當時是早上,我正準備上班。我記得是這樣,她對於我沒有把前一天晚上的碗盤洗好不高興,我對於她就這一點事情發脾氣也很不高興。你能想像那個畫面嗎?」

「喔,當然,我也有過這種情形。」我說,想著今天早上才和蘿拉吵過。

「吵了一陣子後,我跟南茜各自在房間的一側不理對

方。」巴德接著講。「我對於兩個人的『討論』逐漸按捺不住，上班也快要遲到，於是走過去跟她說：『南茜，對不起啦。』然後彎下腰來親她一下。

我們的嘴唇碰在一起，大概只有萬分之一秒，可能是全世界最短的一吻。我也不是故意要這樣，不過當下頂多只能如此。

『你不是真心道歉的。』在我慢慢退開的同時，她輕聲地說。當然，她講得沒錯——就我剛剛跟她所談的內容而言。因為我真正的感覺還是表達了出去，自己覺得被誤解，很累，又沒人感謝我，我隱藏不住那些感覺——儘管親了她。我還記得一邊經過走廊走向車庫的同時，還一邊搖頭喃喃自語著。現在更證明了自己老婆多不講理——她甚至不接受我的道歉！

不過重點來了，湯姆，應該接受這樣的道歉嗎？」

「不應該，就像南茜講的，因為你不是真心道歉。」

「沒錯。雖然我講了『對不起』，不過表達出來的感覺並非那樣，所表現出來的，卻是我自己覺得不是我的問題的

樣子——這種感覺透過我的聲音、眼神、姿勢，以及對她的需求感不感興趣等方面傳達出來，而她回應的，也正是我心裡面的感覺。」

巴德停頓了一下，而我則是在想早上跟蘿拉的狀況：以前她的臉上散發著活力，對生活充滿著熱情與愛，但現在卻好像被傷得很深而變得黯淡，所講的話也讓我對於堅守這段婚姻的信念出現了裂痕。「湯姆，我覺得我好像不瞭解你了。」她說。「更糟的是，大多數的時間我有種感覺，覺得你不是真的想瞭解我，就好像我一直讓你很煩之類的。我已經不知道上一次感受到你的愛是什麼時候了，現在我們倆真的是相敬如『冰』。你整天只是埋首在自己的工作——即使連在家的時候，說實話，我對你也沒有什麼感覺了。我很希望自己有，不過現在一切都好像過一天算一天。我們倆雖然共同生活，但實際上一點也不像在一起，儘管我們住在同一間房子，卻是各過各的，偶爾碰見彼此，問一下對方要幹嘛或一些平常的事。我們甚至只是勉強露出微笑，但一切都是騙自己，因為微笑背後沒有任何的感情。」

「湯姆,就像你提到的。」巴德講的話把想到生活中這些繁雜的我拉了回來。「我們通常可以感受到別人對我們的感覺,對不對?而花一點時間,我們同樣能分辨人家是不是在應付我們、控制我們,或是想佔我們的便宜。這些虛假的一面我們可以察覺出來,也能感受到表面上對我們的態度很好,其實隱藏在背後的抱怨,而我們通常很討厭這樣。舉例來說,在公司裡,假如對方試著釋出善意,不論是藉由走動,還是坐在椅子旁邊認真聽你講,問問你的家人狀況,為了表現出對你的關心,或是運用任何他們之前學過能更有效的技巧,然而我們能感受到和回應的,是這個人在做這些事的同時,是怎樣看我們的。」

我腦子裡又再次想到了查克・史德立。「是啊,我懂你講的。」我說。「你認識查克・史德立嗎?特崔克斯的營運長。」

「是不是6呎4吋高左右,紅頭髮,頭髮很少,眼睛小小那個?」巴德問。

「就是他。這樣講吧,我跟他聊了兩分鐘,就知道他覺

得全世界都圍著他轉——就算不是全世界，公司裡上上下下也得圍著他轉。例如我記得有一次，我和公司的執行長喬‧艾莫瑞茲進行電話會議，忙著解決我們整個十月都在處理產品裡的一個問題。我用盡洪荒之力，幾乎自己所有的時間都耗在這個問題上，我的團隊也投入了八成的時間在這上面。喬在電話裡讚許大家做得很好，猜猜看這時誰出來搶走功勞？」

「史德立？」

「沒錯，就是史德立。他幾乎沒提到我們——把我們的付出看得沒什麼價值，比完全沒提到還糟糕。他就這樣搶走所有的功勞，自己沉浸在榮耀之中，我猜他當時真的認為都是自己的功勞。老實說，這件事讓我覺得很噁心，而這還只是許多例子的其中之一而已。」

巴德聽得很專心，不過突然間，我發現自己在幹嘛——在我的新主管面前批評之前的主管，我覺得我不該再講了，馬上就說：「不管怎樣，查克應該就是你所講的那種例子。」我把背往後靠回椅子，表示已經講完，心裡想著希望

我沒太多嘴。

巴德聽了並沒有特別的反應。「沒有錯,他的確是一個例子。」他說。「現在比較一下史德立和路這兩人,或講得更準確一點,比一比他們兩人分別帶給別人的影響力。舉例來說,你會不會認為史德立激發你的方式和路啟發我的做法,可以達到同樣的效果?」

這個問題很簡單。「不可能的。」我說。「史德立並沒有激發我更認真工作,或更有動力,一點也沒有。別誤會我的意思,不管怎樣,我還是很努力工作,因為我得擔心自己的前途,不過絕對不會有人想盡力幫他。」

「你可以看到有些人,比方說路,能激勵別人更投入、做出更多的貢獻,即使他們本身的交際手腕不是特別高明。」巴德說。「這跟他們是否上過很多課程,或是有沒有學到最新的技巧沒什麼關係,反正他們就是可以達到效果,而且能同樣激勵他們周圍的人,我們公司有一些優秀的領導幹部就是屬於這一類的。他們不見得每一件事都做得對,也不是講的每一句話都正確,但是大家都喜歡和他們共事,這

樣的人就能達到效果。

不過還有另一種人，例如查克・史德立，就像你所描述的，他帶給別人的影響就很另類。即使他們在人和人的相處上做的每一件事情都對——甚至在溝通和工作上，運用了最新的技巧或技術——還是同樣沒用。大家到最後就是不喜歡這個人，也不喜歡他用的技巧，所以他們最終成為失敗的領導者——因為他們弄得民怨四起，讓大家產生抗拒的心理而失敗。」

巴德講的每個情形似乎都跟查克・史德立一樣，不過我在想，他是不是講得太超過了。「我懂你的意思，」我說：「也同意你所講的，但是，你是指一個人運用的技巧一點都不重要嗎？我不確定那樣的講法沒錯。」

「不是的，我絕對不是這個意思，不過我講的，是指一個人的技巧絕對不是重點。依我的經驗，像路之類的人運用技巧就很有用——他們能降低彼此的誤會和麻煩，但就像你敘述的，好比史德立這樣的人，運用相同的技巧就沒那麼有效，在他們試著用那些『技巧』，或想讓事情更『順利』

時，只會使大家的心裡更不舒服。所以運用的技巧有沒有效果，取決於更深入的東西。」

「更深入？」

「沒錯，比單純的行為和技巧還要更深一層的東西，也就是當時在傑格魯開完那次會議後，路所講的，以及我對他的反應讓我有所體會，還有他在隔天早上就跟我進行一整天的會，當中談論的內容也讓我進步許多。」

「你是說……。」

「沒錯，湯姆。」還沒等我問完，巴德便回了我。「路那時候跟我說的，就是我現在要跟你講的內容。我們以前把它稱作『與路有約』。」他咧嘴笑著，一副神秘兮兮的樣子。

「記住，我跟你都有同樣的問題。」

6 決定影響力有更好的選擇

「所以更深入的東西是指什麼？」我好奇地問。

「就是我跟你提的——『自我欺騙』。」巴德回我。「也就是自己在框框內還是框框外。」

「是喔。」我慢條斯理地回答，想多了解一些。

「如同前面講的，不管我們表現出來的行為怎樣，人家回應的，主要是我們心裡面對於別人的感覺，而我們對別人的感覺，便跟自己是在框框內、還是框框外有關。我舉兩個例子做進一步的說明。」

「大約一年前，我從達拉斯飛往鳳凰城，那個航班是自由座。登機時，我無意間聽到地勤人員講這班飛機的機位沒有滿，不過剩下的位子也不多了。我的運氣不錯，在飛機後段三分之一的地方找到一個靠窗的座位，旁邊的位子也是空的。這時旅客仍陸續踏進飛機走道，座位也越來越少，大家

的眼睛四處張望著，看看哪裡有自己喜歡的座位。我把公事包放在旁邊的座位上，同時拿出當天的報紙來看。我還記得從報紙邊邊瞄到從走道過來的旅客，眼神打量著我放包包的位子，於是我把報紙攤開一點，盡可能讓旁邊的座位看起來有點擠。你能想像那個畫面嗎？」

「喔，當然能。」

「好，現在問你一個問題：從表面上看起來，我在飛機上的行為怎樣——我做了些什麼？」

「這個，從某方面來講，你做得有點過分。」我回答說。

「那樣講當然沒錯。」巴德笑得很開心，他也同意。「不過我真正的意思不是這個——雖然當時的情形是這樣。我的意思是，我在飛機上做了哪些特別的行為？我的動作或是行為怎麼樣？」

我想像著當時的情況。「你算是⋯⋯佔了兩個座位，你的意思是這樣嗎？」

「沒錯，還有呢？」

「呃……還有你在看報紙，也在注意誰想坐你旁邊的位子。基本上來說，你算是坐著。」

「好，這樣就夠了。」巴德說。「現在還有另一個問題：當我做出這些行為的同時，我是怎麼看那些在找座位的旅客？他們對我來說是什麼？」

「我會覺得你把他們看成是威脅，看他們很討厭，或是麻煩之類的。」

巴德點點頭。「你會不會認為，我把那些還在找座位的旅客他們的需求，看得跟我自己的一樣重要？」

「當然不會。你認為自己的需求比較重要，別人的是其次——對吧。」我回答說，很驚訝自己講得這麼直接。「你算是以自我為中心來考慮。」

巴德大笑，明顯很欣賞我所講的。「講得好，講得好。」他接著說，只是變得比較嚴肅。「你講得對。在那班飛機上，就算我有把其他旅客當一回事，他們的需求和所期待的，也沒有比我自己的來得重要。現在比較一下我另一個經驗：大概半年前，我跟南茜去佛羅里達玩，訂票過程出了

一點問題,我們的座位沒安排在一起。那個航班的座位幾乎滿了,空服員為了把我們的位子調在一起而傷透腦筋。就在我們站在走道想著要怎麼辦的同時,有位婦人拿著匆忙折起的報紙,從機尾走到我們身後說:『不好意思,假如你們兩位想坐在一起,我覺得我旁邊的位子是空的,可以跟你們換一下。』

「現在想想這位婦人的動作,你覺得她是怎樣看我們的——把我們看成是威脅,覺得很討厭,還是麻煩之類的?」

「沒有。」我搖搖頭說。「她就是把你們看成是兩個需要坐在一起的旅客,這可能比你們原本想的還單純,不過⋯⋯」

「剛好相反。」巴德說。「講得很好,她單純把我們當成是有需要的人——我們等一下再來討論這點。現在我們比較一下這位婦人的做法,跟我講我拿著公事包,看到幾乎要坐滿的飛機上其他人的情形。剛剛你說我以自己為中心——把自己看得比別人還重要,先考慮自己的需求。」

我點點頭。

「這位婦人是用這樣的角度看自己和別人的嗎？」他這麼問。「她是不是像我一樣，把自己的需求和想要的，看得比其他人的還重要？」

「不會，看起來不是這樣。」我回答說。「從她的角度而言，在當時的情況，你的需求和她自己的是一樣的。」

「感覺起來是這樣。」巴德點點頭說。他站起來朝會議桌的另一端走去。「我們這裡講的兩種情況，都是旅客坐在飛機上，旁邊的座位空著，兩個人也都在看報紙，觀察著其他還在找位子的人。這些都是發生在表面的事――也就是兩個人所做出來的行為。」

巴德拉開會議桌另一端牆上兩片桃花心木材質的門，裡面是個大型的白板。「不過注意一下我跟這位婦人雖然有類似的經驗，但是兩者有什麼不一樣的地方。我覺得其他人比較不重要，但她不這麼想。我覺得焦慮、煩躁、心裡不舒服、受到威脅，同時也有點生氣，而她所表現出來的，卻一點也沒有像這樣的負面情緒。我在自己的座位上，心裡埋怨著那些可能想坐我放公事包位子的人――這一個看起來很開

心,那個長得太嚴肅,另一位又帶了太多行李,還有那個太愛講話等等。反觀她,似乎一點也不抱怨別人,倒是試著去理解其他人需要什麼——不管是不是開心、嚴肅、行李多不多、愛不愛講話——他們都需要有個位子坐下來。如果是這樣,那麼她旁邊的座位——就當時的狀況,她旁邊的座位甚至是自己坐的位子——為什麼不能讓給別人呢?

「現在問題來了,」巴德接著說:「兩架班機上其他旅客的狀況不是都一樣,有著相同的期望,同樣的需求、擔心和恐懼,都同樣需要找到位子坐下來嗎?」

話聽起來是沒錯。「的確,我同意這種講法。」

「假如是這樣,那麼我的問題就大了——因為我完全沒看見飛機上其他旅客所想的。在我的念頭裡,很莫名地我就是比那些還在找位子的旅客還重要,自己比他們要高一等。也就是說,我沒有把他們都同樣看成是人,在當下,那些旅客對我來說比較像是物體,而不是人。」

「是啊,我懂這個意思。」我同意說道。

「注意到我對自己和其他人的看法被扭曲了,跟我們所

認為的事實並不一樣。」巴德說。「儘管事實是我們大家都有相同的需求,都是需要坐下來的人,但我卻不是這樣來看眼前發生的狀況。於是乎我對世界的看法,對於別人和自己在先天上就有所不同,我把別人看得比較不重要——這些物體的需求和渴望,相較於我的來說都是其次,也沒有比我自己的還要合理。可是我看不到自己出現的問題,我被自己給騙了——或是說,我在框框裡。在另一方面,那位把座位讓給我們的婦人,把別人的需求和當時的狀況都看得很清楚,沒有什麼偏見。其他人在她眼中,跟她自己一樣都同樣是人,有著相同的需求和渴望。她看的角度沒有偏差,所以她在框框之外。

「因此這兩個人的內在體驗(inner experiences)截然不同,」他接著說:「儘管表現出來的外在行為(external behaviors)一樣。這當中的差異有很重要的意義,我想畫個圖來強調它。」這時,他走到白板前,花了一分鐘畫了以下的圖。

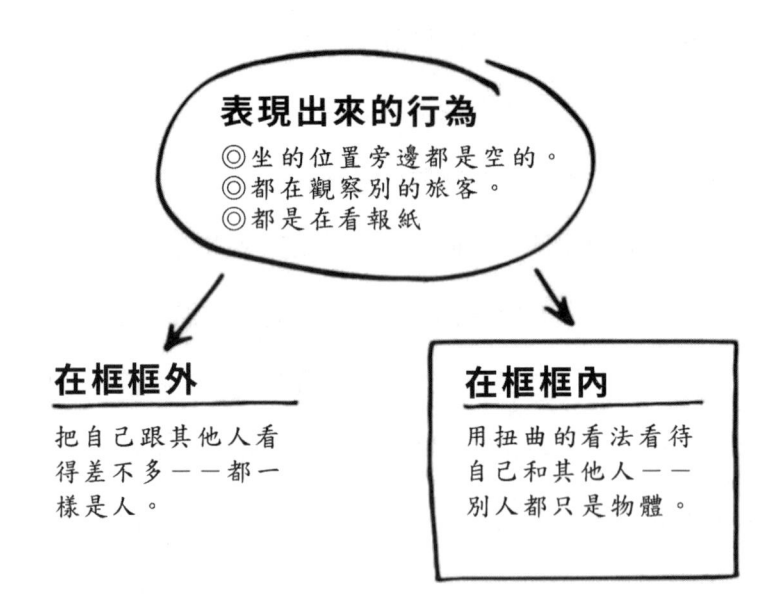

```
        ┌─────────────────────┐
        │   表現出來的行為      │
        │ ◎坐的位置旁邊都是空的。│
        │ ◎都在觀察別的旅客。   │
        │ ◎都是在看報紙         │
        └─────────────────────┘
           ↙              ↘
  在框框外              在框框內
  ─────────             ─────────
  把自己跟其他人看       用扭曲的看法看待
  得差不多——都一        自己和其他人——
  樣是人。              別人都只是物體。
```

「湯姆，就像這樣。」巴德說著說著，自己走到白板一旁，好讓我能看清楚一點。「不管我可能在表面上『做』了什麼——不論怎樣的動作，例如坐著、觀察別人，或是看著報紙等等——做的時候一定是這兩種基本模式的其中一種，不是坦然看待別人——把其他人和自己同樣當成是人，會出現跟我一樣有合理的需求或渴望——要不就是沒有。我聽凱特有一次這樣講：一種情況是，我把自己和別人一樣都當成

是普羅大眾的一份子,另一種,是我把其他人看成只是一堆物體中的其中一個。第一種情況是我在框框外,而第二種情況則是在框框內,這樣講合理吧?」

我正在想一星期前發生的事。我部門有位女同仁犯了一個嚴重的錯誤,不知道算在框框內,還是框框外。事實上,依我看來,這個狀況似乎沒辦法運用巴德所講的內容。「我不確定耶,」我說:「我舉個例子,讓你看一下這個情況適不適用你講的。」

「可以呀。」他一邊說一邊坐了下來。

「我辦公室的角落有間會議室,我經常去那裡想事情和做決策,部門裡的同仁清楚那裡像是我的第二辦公室,也都很注意。上個月發生一些爭議後,大家知道要用之前會先詢問我。不過就在上個星期,有同仁進去用了會議室,她不僅僅沒有事先訂好,還把我在白板上寫的所有東西全部擦掉,你會怎麼看這件事?」

「如果是這樣,我會認為她非常搞不清楚狀況。」

我點點頭說:「我火冒三丈,至少可以這麼講。我花了

一段時間才把之前寫的內容重新整理出來,而且還不確定有沒有漏掉什麼。」

我本來還想講更多——像是怎麼立刻叫她到我辦公室來,沒跟她握手,甚至沒要她坐下來就警告她不可再犯,不然她就準備走路。不過我念頭一轉,問他:「自我欺騙的想法在這種情況下如何運用?」

「讓我先問你幾個問題。」巴德回答。「問過之後,或許你可能就會有答案。你發現這位女同仁做了這些事,那時候心裡有什麼想法和感覺?」

「這個……我在想她太不小心了。」

巴德點點頭,用眼神示意我多講一點。

「我也在想她實在太笨了,也不先問一下別人就做出這種事。」我停了一下,接著補充說道:「她做事實在有夠魯莽,你不覺得嗎?」

「的確不是很聰明。」巴德也同意。「還有嗎?」

「沒了,就我記得的是這樣。」

「那我問你,你知道她用會議室是想要做什麼嗎?」

「嗯,我並不清楚,不過這很重要嗎?這並不改變她不該用那間會議室的事實,對吧?」

「或許不是這樣喔。」巴德回答說:「然後我再問妳一個問題:你知道她叫什麼名字嗎?」

這個問題讓我愣住了,我想了一下。我不確定是不是聽過她的名字,我的秘書有沒有提過呢?或是她伸出手要跟我握的時候,自己有講過嗎?我在記憶中思索著,但就是想不出來。

但不管怎麼說,這很重要嗎?我心中的問號更大了。我是不知道她叫什麼名字,不過又怎樣呢?這代表我錯了,還是如何?「不,我不知道她的名字,或是說,我想不起來。」我說。

巴德點點頭。「現在這個問題我希望你認真想一想。假設這位女同仁真的很粗心、很笨又很魯莽,你責怪她的時候,怪的是她就是這麼粗心、這麼笨,才會弄出這些問題來嗎?」

「這個,我也不是真的怪她。」

「也許你嘴巴上沒這麼講，不過在那次的事情之後，你跟她還有過任何互動嗎？」

我想到我對她的態度很冷淡，連跟她握個手都不願意。

「有啊，只有過一次。」我很心虛地說。

巴德一定是注意到我語氣上的變化，也稍微降低了音量，不再用那種追根究柢的口氣。「湯姆，我要你想像一下，如果你是她，兩個人碰面時，她從你身上得到的感覺怎麼樣？」

當然，答案很明顯。我接二連三講她，她的心情一定再糟糕不過了。我還記得她的聲音顫抖著，離開我辦公室時腳步踉蹌。我現在才想到，一定傷了她很深，而她內心的感受又是如何。我在想，她心裡一定覺得很不安，也很擔心，特別是部門裡上上下下都知道發生了什麼事。「啊，」我吞吞吐吐地說：「現在想起那件事，我才發現自己並沒有把狀況處理得很好。」

「回到我之前的問題。」巴德說：「你會不會認為自己對於這位女同仁的看法，比她實際上所感受到的還要糟

呢？」

　　我在回答前停了一下，並不是因為我不確定，而是因為想讓自己先冷靜下來。「呃，可能吧。不過那也改變不了她做了不該做的事這個事實，對吧？」我說。

　　「當然是這樣，我們等會再談這部分。不過現在我要你思考的問題是：不管她做了什麼——做對或做錯——你對她的看法，比較像我跟你講的，在飛機上我對其他旅客的看法，還是像那位婦女的角度？」

　　我想了一下。

　　「你可以這麼想，」巴德指著白板上的圖，補充說道：「你看這位女同仁是像自己一樣都是人，有類似的期望和需求，還是她對你來講只是個物體——就像你講的，是一種威脅、覺得很討厭，或認為是個麻煩？」

　　「我想她對我而言只是個物體。」我最後說了出口。

　　「好，那麼現在你認為自我欺騙的觀念要怎麼運用？你覺得自己是在框框內，還是框框外？」

　　「我想我可能是在框框內。」我說。

「湯姆，這值得好好深思，因為兩者有差異。」他再次指著圖說：「就這方面，表現出路以及傑格魯之所以成功。因為路通常在框框外，因此會用坦然的態度看事情，把別人看得跟自己一樣——都是以人來對待，而他找到一種方式打造了以人為主的公司，要比大多數的人所待的組織還要重視人。如果你想瞭解傑格魯成功的祕訣，那便是我們發展出一套文化，讓大家很容易就能把別人都同樣當成是人來看待，可以坦然地看見別人、對待別人，而同仁之間也用相同的方式回應。那便是我從路身上所感受到的——而我也用相同的方式回應他。」

　　聽起來很棒，不過如果是這樣就成為造就傑格魯成功的因素，也未免太簡單了。「實際上不會是這麼簡單的，對吧？巴德。我的意思是，假如傑格魯成功的秘訣這麼簡單，其他公司早就複製了。」

　　「別誤會，」巴德說：「我並不是講其他的方面不重要，例如還是得找靈光、能力好，或是工作認真的人進公司，這些對傑格魯的成功也同樣重要。不過要注意一點——

就算其他公司可以複製這些事，但是他們沒辦法複製我們的成果。因為他們不清楚為什麼靈光的人更靈光，能力好的人會更好，工作認真的人會更認真，其中的道理在於一切只有當人可以坦然看事情，也被其他人當成是人，同樣坦然以對的時候才會發生。」

「還有也不要忘了，」他繼續說：「自我欺騙是個特別難解決的問題。對於一些（大多數）被自我欺騙這個問題所困擾的組織而言，在程度上來說，其實是他們看不見問題本身，因為絕大多數的組織都是被困在框框內。」

這些話在會議室裡迴盪的同時，巴德拿起水杯喝了一口，他補充說：「順帶一提的，那位女生的名字叫喬伊絲・慕蔓。」

「誰……哪個女生？」

「你拒絕跟她握手的那位。她叫做喬伊絲・慕蔓。」

7　把人當作人還是物體

「你怎麼認識她的？」我焦急地問。「你怎麼會聽到有這件事？」

巴德微笑著，像是想要消除我的疑慮。「別讓幾棟大樓之間的距離蒙蔽了，消息傳得很快。我是在第五棟的餐廳吃午餐時，聽見你的兩個品保組長在討論這件事。似乎你讓大家的印象很深。」

我努力恢復鎮定，並試著控制自己的表情。

「至於我怎麼認識她的，」巴德接著說：「其實也不算真的認識，我只是想盡量記住公司裡每個人的名字。不過，隨著我們每個月不斷成長，要記得每個人是越來越難了。」

我點點頭。心裡很訝異像巴德這樣職位的人，竟然還會擔心記不記得住喬伊絲這類基層員工的名字。

「你知道我們的識別證上都有照片吧？」

我點點頭。

「嗯，我們的管理團隊收到所有人的照片後，會試著認識每個人，即使不是完全記得，至少也知道這些進公司的人他們的面貌和名字。」

「我發現到，至少對我來說是如此，」他接著說：「假如我對一個人的名字不感興趣，可能就不會想多瞭解這個『人』。對我而言，這就很像是很基本的檢驗方法。只不過反過來講不一定是這樣——意思是，我可以試著記得某個人的名字，卻還是把他們當作物體。不過假如我連記得某個人的名字都不願意，那便表示他（她）對我來講只是物體，而我也就在框框內。不管怎麼說，這是我為什麼認識她的原因——也是我怎麼知道她的名字的。」

巴德在講的同時，我想著自己部門裡的同仁。發現在我的部門300位左右的同事裡，我只叫得出20來位的名字。但是我才到職一個月而已！我替自己辯解著，不然還能怎樣呢？不過心裡很清楚，知道巴德雖然講的是他自己的狀況，但我的狀況也是如此。我進傑格魯的時間不過是藉口，事實是，

我沒有真正試著去記住每個人的名字。想到這點,似乎可以很明顯看出,我連對其他人像名字這種基本問題都缺乏興趣,表示我沒有把大家當作是人一樣看待。

「我想你認為我做得不好。」我說,心裡又想到了喬伊絲。

「我怎麼認為的並不重要,重要的是你怎麼認為的。」

「這個,我覺得有點難做抉擇。一方面,是我覺得欠喬伊絲一個道歉,不過另一方面,我還是認為她不該沒先問過就走進會議室,還擦掉我寫的東西。」

巴德點點頭。「你認為有沒有可能你兩方面講的都沒錯?」

「蛤?我講的對,同時也有不對的地方?這怎麼可能?」

「這樣想吧,」巴德說,「你講喬伊絲不該沒先問就這樣闖進去,還擦掉別人寫的東西,對吧?」

「對的。」

「那樣講我聽起來似乎很合理。你還說,在那種情況下

應該要告訴她下次絕對不可以再犯,對吧?」

「沒錯,我是這麼認為的。」

「我也一樣。」巴德說。

「那麼我哪裡做錯了?」我問。「我不就是這麼做的。」

「對,你就是這麼做的沒錯。」巴德也同意,「但現在的問題是,你這麼做的時候是在框框內,還是框框外?」

突然間我想通了。「喔,我懂了,並不是一定我做了某些不對的事,而是我用怎樣的方式去做——甚至是,可能我做的是對的事——卻用了錯的方法。我把她看成一個物體,我是在框框裡,你的意思是這樣吧。」

「完全正確。如果你做了表面上看起來是對的事,但是你的人在框框裡,那麼你得到的回應會完全不同,也比較負面,相較於人在框框外,你獲得的結果將會好得多。別忘了,人家回應我們的,主要不是做了些什麼,而是我們怎麼做——這跟我們是在框框內,還是框框外看別人有關。」

這樣講聽起來很有道理,不過我不確定實際在職場上是

否如此。

「你心裡是不是有點懷疑？」巴德問。

「也不盡然啦，」我用沒有說服力的語氣回答：「這個，我正卡在一件事情上。」

「沒問題，你說。」

「我坐在這，想著在公司裡，你怎麼可能一直都把別人當作人看，我的意思是，不會做得太超過嗎？例如我認為可以運用在像是家庭生活上，但如果在公司裡，當你必須快又得準確的情況下，這樣的方式會不會有點不切實際呢？」

「很高興聽到你這樣問，」巴德說：「這就是我接下來要跟你講的。」他停了一下，然後說：「首先，我要你先想想喬伊絲那件事。依你處理當時狀況的方式，我想她是絕對不會再用那間會議室了。」

「應該是不會。」

「另外，既然這些是你想傳達給她的訊息，所以你可能會覺得跟她的會談算是很成功。」

「沒錯，從某方面來看我想是這樣。」我說的同時，感

覺對自己做的舒坦了一些。

「很合理。」巴德說。「但是我們想想，除了會議室的問題外，當你覺得自己在框框裡對她傳達訊息時，你這樣做是激發出她對工作產生更多的熱情和創意，還是減少了？」

巴德的問題讓我來不及反應。突然間，我才發現對喬伊絲‧慕蔓而言，我就像查克‧史德立。我不會忘記是怎麼被史德立痛罵的，在我的記憶裡，他總是在框框內，而我也經歷過，和他共事的結果是如何失去工作上的動力。對喬伊絲來說，我看起來和史德立絕對沒有兩樣。想到這裡，自己覺得非常難過。

「我想你的講法沒錯，」我回答說：「或許我解決了會議室的問題，卻又製造出其他後續的問題。」

「這值得好好想一想，」巴德也同意，他點點頭說：「但事實上，你的問題會更深入到某種層面，我解釋給你聽。」

他又再次起身走來走去。「你的問題假設了當我們在框框外的時候，行為上比較『和緩』（soft），而在框框內時，

行為則較為『強硬』（hard），所以你才會弄不清楚，如果人在職場上怎麼可能一直處於框框外。現在我們認真思考一下這樣的假設，在框框內和在框框外的區別，是不是屬於行為上的差異？」

我想了快一分鐘，自己不是很確定，不過似乎比較像是會造成行為上的差異。「我並不確定。」我說。

「我們看一下這個圖。」巴德指著先前畫在白板上的圖，他說：「記得嗎，我在飛機上跟這位婦人表現出來的外在行為都一樣，但是我們經歷過程卻完全不同——我在框框內，而她在框框外。」

「沒錯。」我點點頭。

「這個問題好像很簡單，不過其中蘊含的意義非常重要。」他說。「行為的部分列在這張圖的哪些地方？」

「在最上面。」我說。

「而在框框內和框框外的想法又列在哪裡？」

「在行為的下面，圖的下半部。」

「正確。」原本面向白板的巴德轉過來對我說：「圖這

樣畫代表著什麼？」

我不懂他想問什麼，就靜靜坐著，試圖找到答案。

「我的意思是，」巴德又說：「這個圖告訴我們有兩種方式……怎樣？」

我研究著這個圖，然後就瞭解到他所指的。「我懂了——要做出這個行為有兩種方式。」

「沒錯。所以現在又回到這個問題上：我們在講的差異，是基本上的行為差異，還是更深的層面？」

「是更深的層面。」我說。

巴德點了點頭。「好，我們再想一下路的例子。你會怎麼描述他對我的行為？別忘了，即使我完成了他交代的其他任務，他還是在公開場合，在我同事的面前，把我沒能做完的那項交給了別人，然後他又問我，下一次會不會讓他再失望。你會怎樣看待他對我的行為——你認為應該算和緩，還是強硬？」

「那樣做算很強硬，」我說：「甚至可以說太硬了。」

「是啊，但是你覺得他做的時候是在框框內，還是框框

外?」

「框框外。」

「那麼你呢?你怎麼看自己對喬伊絲的行為——是和緩還是強硬?」

「同樣很強硬——也許太強硬了。」我一邊說,一邊在座位上感到不安。

「你看,」巴德講話的同時走回我對面的椅子,「強硬也分為兩種,我的行為很強硬,卻可以在框框內,也可以在框框外。兩者的差異不在於行為,而是在於我不管怎麼做時的態度——不管是用和緩或強硬的方式。」

「我們從另一個角度看,」他接著說:「假如我在框框外,把其他人當作人對待,先假設這樣好嗎?」

我點點頭。「嗯。」

「那麼我要問的是:對人總是需要用和緩的方式嗎?」

「不一定,有時候大家需要硬一點的方式來鼓勵。」我講的時候臉上的微笑很不自然。

「沒錯,你跟喬伊絲的情況就是個很好的例子。得有人

告訴她擦掉別人在白板上寫的東西是不對的,而傳遞這樣的訊息可以看成是強硬的行為。不過重點在於,我們傳遞這種訊息的時候,人還是有可能在框框外的,但是要做到這樣,只有在你把所傳達的對象同樣當成是人來看的時候,這樣才是在框框外的意思。要注意——這是這一點為何如此重要的原因——哪個人的強硬行為可能會得到更多的正面回應,是路的,還是你的?」

我又再次想起,在查克‧史德立底下工作有多麼的不舒服,而我對喬伊絲來說,可能就跟查克對我有同樣的影響。「我覺得應該是路的。」

「我也有同樣的感覺。」巴德說。「所以先不管行為強硬與否,可以有這樣的選擇:我們可以很強硬,然後讓對方更積極,也更忠心,或是一樣強硬,卻讓對方產生排斥或內心不滿。這樣的選擇不在於行為強硬與否,而是在於我們是在框框內,還是框框外。」

巴德看了看錶。「湯姆,已經11點半了,我有個建議,假如你覺得可以的話,我們休息一個半小時左右。」

我沒想到時間過得這麼快,感覺上不像我們已經講了兩個半小時,不過我還是很高興可以休息。「沒問題,」我說:「那麼我們下午一點再繼續,一樣在這裡嗎?」

「對,那太好了。記得我們到目前所談的內容:決定對別人的影響力有比行為還要更深的層面——那就是我們在框框內或是框框外。對於框框的意思,你還不是很清楚,不過當我們在框框內的時候,看到的實際狀況是扭曲的——我們沒辦法看清自己和別人。也就是說,我們被自我給欺騙了,這種自我欺騙也讓我們對身邊的其他人製造出各類的問題。

「記得這一點,」他接著說:「在我們吃過午餐後回來之前,我想要你幫我做一件事。我要你想一下目前在傑格魯的同事——包括你自己的部門和其他部門的人——問問你自己,對於他們,你是在框框內還是框框外。要注意別把這些人想成是冷冰冰的物體,好好想想每一個人,你可能對某個人是在框框內,但是對另一個人卻又在框框外。從人的角度仔細想想。」

「好的,我會好好想想。」我一邊說,一邊起身站了起

來。「巴德，謝謝你——我們討論的內容很有趣。你給了我很多要好好思考的地方。」

「這絕對比不上你下午之前要好好思考的東西。」巴德笑著說。

8　懷疑

　　我沿著凱特溪旁的步道走著的同時，頭頂上正是八月天的烈日高照。雖然我在聖路易長大，但是因為在東岸待了很多年，已經習慣溫和的天氣，不過對於康乃狄克濕熱的夏天就是覺得不舒服。我轉進走回8號樓的方向，很高興開始有樹蔭可以遮蔽。

　　儘管有樹蔭可以擋擋太陽，但卻擋不住我內心彷彿在烈日下一樣的感受，我像是到了一個完全陌生的地方。過去職場上的經驗，對我和巴德的會議一點也派不上用場，不過比起幾個小時之前，儘管對自己十分沒把握，也對自己是不是在傑格魯升遷名單中的首選很沒信心，然而，我對這個過程卻感到前所未有的高興。我很清楚等一下的午休要做一件事——我只希望可以找到喬伊絲・慕蔓，好讓我能順利完成。

　　「雪莉，你能告訴我喬伊絲・慕蔓的座位在哪嗎？」我

走進辦公室，經過我秘書的位子時問了她。我把筆記簿放在桌上，一轉身就注意到雪莉站在門口，臉上露出很擔心的表情。

「怎麼了？」她小心翼翼地問。「喬伊絲又做了什麼嗎？」

雪莉的話像是在對我表示關切，不過講話的態度卻像在替喬伊絲擔心，彷彿可以的話，她想先警告喬伊絲暴風雨要來了。我很驚訝她問的問題裡竟然這樣認定，如果我想找某人，一定是那個人做錯了什麼。看來跟喬依絲碰面可能要等一下，我得先跟雪莉談談。

「沒有，沒有什麼事。」我說。「不過先進來一下——有些事我想跟妳談談。」我看到她猶豫了一下，便跟她說：「請坐。」我繞過桌子，坐在她對面。

「我進公司沒多久，」我開口說：「妳對我也還不是很瞭解，不過我想問妳一個問題——也請妳務必坦白跟我講。」

「好。」她的回答有點含糊。

「妳喜歡和我一起共事嗎？我的意思是，就妳的工作經驗比較起來，妳認不認為我是一位好主管？」

雪莉在座位上感到有點不安，很明顯對這個問題覺得不自在。「當然是啊，」她的語氣很急地說：「我當然喜歡和你一起共事，為什麼這樣問？」

「我只是好奇。」我說。「所以你喜歡替我做事。」

她點點頭，不過樣子看起來沒有自信。

「那麼妳認為比起之前一起工作過的主管，妳喜歡跟我共事嗎？」

「喔，那一定的。」她講的時候臉上勉強露出微笑，眼睛卻看著桌子。「對於每個共事過的主管我都喜歡。」

我的問題讓雪莉有點尷尬。雖然這樣問很不公平，不過我已經得到想要的答案：她不是很喜歡我，這可以從她勉強保持冷靜和不自在的態度中看得出來。然而，我並不會對她生氣。這是我進公司這個月以來，第一次覺得抱歉，也覺得有點不好意思。

「呃，謝謝妳，雪莉。」我說。「但是我開始在思考，

我可能是那種很難共事的人。」

她沒講話。

我抬起了頭,我想我看到她眼角的淚光。跟她共事一個月,我竟然讓她哭了!頓時覺得自己真的很可惡。「非常抱歉,雪莉,真的不好意思。我想有些地方自己得開始調整,我一直沒發現對別人做了什麼事。雖然到現在也還沒弄清楚是哪些事,不過我開始在思考,或許自己看輕了別人,也沒有把其他人當作人一樣來看待,妳懂我講的意思嗎?」

出乎我的意料之外,她點著頭表示瞭解我說的。

「妳真的懂?」

「當然。你說的是框框,自我欺騙之類的東西吧?我懂啊,這裡的每個人都清楚。」

「巴德也跟妳講過這些嗎?」

「不,不是巴德。他是親自跟所有新進的高階主管碰面,對於其他同仁則是進行一項課程,我們學到的內容是一樣的。」

「所以妳也知道我講的框框——把別人當作人看待,還

是看成物體?」

「對的,還有自我背叛(self-betrayal)、共犯結構(collusion)、跳脫框框、成果導向,以及組織績效四階段等等其他內容。」

「我想我還沒學到這些,至少巴德還沒提到。妳說的自我什麼……?」

「背叛。」雪莉補充我漏掉的。「這是為何我們會掉進框框的原因,不過我不想先破哏。聽起來你才剛開始。」

我真的覺得自己太糟糕了。如果她對我的想法一無所知,自己把別人都當成物體就算了,但是雪莉清楚框框的概念,可能很早就看穿我在想什麼。

「天啊,你可能會覺得我是世界上最可惡的人了,對吧?」

「不是最可惡的啦。」她淺淺地笑著說。

她講得很俏皮,讓我的心情好一些,也笑了出來。我跟她共事一個月,這可能是我們第一次在彼此面前有笑容,當下的氣氛儘管輕鬆許多,但似乎也覺得有些羞愧。「呃,或

許今天下午我就會懂得如何處理這個問題。」

「或許你知道的東西比自己想的還要多，」她說：「對了，喬伊絲在二樓，她的座位在標著『8-31』的柱子旁。」

我經過喬伊絲的座位時，位子上沒有人。我心裡想，她可能去吃午餐了。正當準備離開之際，我又想到：如果我現在不做，誰曉得以後還有沒有機會呢？於是我在她的位子旁找了一張椅子坐下來等她。

她的座位貼了一些有兩個小女孩的照片，年紀大概三歲和五歲左右，上面還有蠟筆畫的笑臉、太陽和彩虹。如果不是看到地上一大堆的圖表和報告，我可能會以為自己是坐在托嬰中心呢。

我不確定喬伊絲在公司內——我的部門裡負責的是什麼，想到這點，覺得自己真的很可悲。不過從成堆的報告看起來，我想她應該是我們其中一個品管組的同仁。我在看其中一份報告時，她剛好從轉角進來，也看到我。

「喔，柯倫先生，」她停下腳步，感到非常的驚訝，雙

手搗著臉說:「很抱歉,真的很抱歉,這裡這麼亂,平常不是這樣的,真的。」很明顯她亂了方寸,她在座位上最不想看到的,應該就是我了。

「沒關係的,跟我的辦公室比起來不算什麼,還有,麻煩叫我湯姆就可以。」

我可以看到她臉上困惑的表情。很顯然她不知道要講什麼,或接下來該怎麼做,只是發抖著站在要進她辦公隔間的地方。

「我,呃,是來道歉的,喬伊絲,我是為了上次因為會議室罵妳的事而來的,那樣做真的很不應該,很對不起。」

「喔,柯倫先生,我……被罵是應該的,真的做錯了。我不可以擦掉你寫的東西,自己也覺得很難過,幾乎一個禮拜都睡得不好。」

「這個,我想我本來可以用更好的方式來處理,才不會讓妳失眠的。」

這時喬伊絲的臉上露出了微笑,彷彿心裡在講「喔,你不用為了這個特地跑來」,眼睛看著地上,腳底輕拍著地

板，她不再發抖了。

時間是12點半，我大概還有20分鐘左右才要回去跟巴德繼續會談。自己覺得心裡很高興，於是決定打給蘿拉。

「我是蘿拉・柯倫，請說。」電話那頭傳來的聲音。

「嗨。」我說。

「湯姆，我現在沒太多時間，你要幹嘛？」

「沒事，我只是想打給妳問候一下。」

「都還好吧？」她說。

「是啊，都很好。」

「你確定嗎？」

「是啊，我不能打個電話給妳就為了說個嗨嗎？還要讓妳疑神疑鬼的。」

「呃，因為你沒有像這樣打過電話，一定有什麼事。」

「沒有，沒什麼事，真的沒有。」

「好吧，如果你這樣講的話。」

「天啊，蘿拉，妳每件事一定要搞成這樣？我只是打給

個電話問妳好不好而已。」

「嗯,我很好,謝謝你跟平常一樣,總是關心我。」她帶著有點酸的語氣講。

突然間,我覺得巴德今天早上講的話太天真,也太簡單了。什麼框框、自我欺騙、當作人還是看成物體——這些想法或許可以應用在某些情況,但絕對不適用在這個狀況,就算用得上,又有誰在乎呢?

「好吧,那很好,祝妳有個愉快的下午。」我也回應她酸溜溜的語氣這麼說:「也希望妳對那邊每個人都跟對我一樣,態度這麼好,又善解人意。」

電話掛斷了。

難怪我一直在框框裡,電話掛掉的那一刻我在想,娶了像這樣的女人,誰不會在框框裡呢?

我走回中央大樓的同時,心中充滿著疑問。首先是,如果是別人在框框裡呢?然後勒?就像和蘿拉的互動,不管我做什麼都沒用。我打個電話只是想跟她講講話,我是在框框

外呀,但接下來呢,她潑了我一盆冷水,突然讓我覺得很難堪——就像她經常表現出來的,她才是有問題的人,不管我怎麼做都一樣。即使是我在框框裡,那又如何呢?我還能怎麼辦?

這麼說吧,我從跟雪莉和喬伊絲的互動中是有不錯的經驗,但她們後續會怎麼做呢?我的意思是,這個部門是我在負責的,她們本來就該按部就班。而且就算雪莉開始哭了起來,那又怎樣呢?難道是我的錯嗎?她應該堅強一點。軟弱的人就是會哭出來——起碼是這樣,如果她真的哭,也不算是我的錯。

每走一步,我的怒火就越來越旺。我在想,這是不是在浪費時間,是不是「太過樂觀了」(Pollyannaish),在完美世界裡或許可行,但搞什麼,我們是在公司耶!

就在這時候,我聽到有人喊我名字,我轉頭看是誰。出乎我的意料,竟然是凱特・史坦娜魯德,她穿過草坪朝我的方向走來。

第二部份

我們為何會掉進「框框」裡

1　我的大老闆

　　我之前只跟凱特會面過一次。在應徵過程中，她是第八位面試我的，也是最後一位。我立刻就喜歡了她的風格，後來我發現，公司裡的同仁也幾乎都喜歡她。從某些方面來說，她的故事就是傑格魯的故事，也同樣傳到新進同仁的耳中。大概在25年前，她從大學歷史系畢業後便加入公司，是傑格魯最初的20位員工之一，她一開始是負責處理訂單的，那時候傑格魯的未來仍充滿著變數。五年後她擔任業務主管，本來為了讓自己有更好的機會打算離開公司，最後是在路的親自慰留下，才讓她改變心意。從那時候開始，一直到路退休，凱特都是傑格魯管理上的二把手。路退休的時候，她被升為總裁與執行長。

　　「嗨，湯姆。」她說話的同時也朝我伸出手來。「很高興又看到你，最近怎麼樣？」

「嗯，挺不錯的。」我說著，也試圖掩飾見到她時的驚訝，並暫時忘掉家庭生活上的問題。「那妳呢？」

「我只能說一刻也不得閒。」她咯咯笑著說。

「我不敢相信妳竟然記得我。」我說。

「蛤？忘記同樣是聖路易紅雀隊的球迷？我才不會呢。而且，我是特地過來找你的。」

「找我？」我一邊不可置信地說，一邊用手指著自己。

「是啊，巴德沒跟妳說嗎？」

「沒有，至少我沒印象，如果他有講過，我一定會記得的。」

「嗯，可能是他想要給你一個驚喜，我想我破壞了他的好意。」她笑著說，臉上看起來也不是真的覺得抱歉。「我不是很常參加這類會談，不過只要時間允許，我都會盡量參與，這是我最喜歡的活動。」

「開了幾小時的會，就為了談論人的問題嗎？」我有點開玩笑的說。

「你是這麼認為的嗎？」她臉上掛著淺淺的微笑說。

「沒有啦,我只是開開玩笑。事實上,這樣的會談還蠻有趣的,只是我還有一些疑問。」

「很好,我也希望你有這種感覺,而且跟你談的人不錯,講到要教這些內容,沒有人比巴德還更合適了。」

「不過我不得不說,我很訝異妳和巴德兩位要花整個下午跟我談這些。我的意思是,妳們的時間沒有更重要的事要忙嗎?」

凱特突然停了下來。剎那間,我好想把講的話收回來。

她很認真地看著我。「湯姆,這樣講聽起來也許很怪,不過,真的沒有比這個還重要的事——至少從我們的觀點來看是如此。我們在傑格魯幾乎做的每一件事——從工作規劃,回報流程到策略評估——都是以你現在學的內容為基礎。」

這跟策略評估有什麼關係?我心裡想著,這看不出其中有什麼關聯啊。

「不過,我想你現在還看不出這有什麼重要性,畢竟你才剛開始,但我知道你講的意思。」接著她往前邊走邊說,

只是走得比剛才慢。「或許你會覺得我跟巴德花一整個下午的時間跟你會談有點誇張，其實要這樣講也對。我是可以不用在那，巴德就這些內容的說明比我好很多，只是我很喜歡這類會談，假如自己可以——如果沒有被其他事情綁住的話——我每次都會在場。誰知道呢？說不定哪一天我會把這個工作從巴德身上攬過來。」她講完笑了出來。「今天難得我有空可以過來，不過可能會早一點離開。」

我們靜靜地走了一小段路，接著她說：「跟我講一下到目前為止的狀況如何？」

「我的工作嗎？」

「你的工作……算是啦，不過其實我的意思是要問你今天談的感覺怎麼樣？」

「呃，除了有人跟我講我在框框裡之外，其他的都很棒。」我擠出了微笑這麼說。

凱特笑了。「嗯嗯，我知道你的意思。但是不必太難過，其實巴德也在框框裡。」她講的同時給了我親切的微笑，還輕輕碰一下我的手肘。「講到這一點，其實我也一

樣。」

「可是，如果不管怎樣每個人都是在框框裡，」我說：「包括像妳和巴德這樣的成功人士，那麼我們討論的重點在哪呢？」

「重點在於，儘管大家有時候仍然會掉進框框裡，或是可能經常在某種程度上掉進去，不過我們公司之所以成功，是因為花了時間找到跳脫框框的方法。這個意思並不是說要做到完美，而是單純想做得更好——做得更有系統，用更具體的方法提升公司獲利。這種帶領團隊的精神——在公司裡的每個層級都能落實——正是我們得以與眾不同的地方。」

「只要我有時間，就會盡量參加這些會談的另一個原因，」她接著說：「便是提醒我自己這些事。框框本身相當的複雜，今天的會談結束時，你就會瞭解得更多。」

「不過凱特，我現在就有一件事搞不清楚。」

「只有一件嗎？」她微笑著說，我們一邊走向到三樓的樓梯。

「呃，可能不只一件，不過我先講這一個：假如真的有

兩種方式——我在框框外把人當作人看待,或是在框框內,把人看成了物體——那麼一開始到底是什麼原因造成的?」我想起蘿拉和她無理取鬧的樣子。「我是說,我想到的狀況是,對於某個人,自己就是沒辦法在框框外,真的沒辦法。」

看來我應該把所想到的狀況,或應該說是問題講完,不管怎麼說,我卻想不出有什麼可以講的,於是我就此打住。

「我想也許巴德應該會有答案。」她說:「我們到了。」

2　我的疑問

「嗨，湯姆。」我們一進門，巴德就親切地問候。

「午餐吃得還好嗎？」

「事實上，午餐時間發生了很多事。」我回答說。

「真的嗎？我倒想聽聽看……嗨，凱特。」

「嗨，巴德。」她說著，一邊走往放果汁的小冰箱。「不好意思，我破壞了你要給的驚喜。」

「其實我也不是把妳能不能來當成驚喜，只是不確定妳有沒有時間，所以不想讓湯姆窮緊張。我很高興妳能過來。」他走往會議桌的方向，「我們大家坐下來開始吧，進度有一點慢了。」

我坐在跟早上同樣的那張椅子，背對窗戶，位置靠近會議桌的中間。這時，凱特打量著會議室，提議我們離白板近一點，我能講什麼呢？

凱特坐在會議桌的另一邊，位置最靠近白板，而我在她位子的對面坐下，同樣背對窗戶。她示意巴德坐在我們中間的主席位置，他背後就是白板。凱特說：「巴德，可以開始了，這是你主持的會議。」

　　「我有一點希望妳能接手，因為妳講得比我好。」他說。

　　「喔，才沒有呢，我只是會偶爾跳進去補充一下，因為今天你是主角，我只是來打氣而已……也複習一些內容。」

　　巴德依照指示坐下來，他和凱特兩人都笑了，很明顯他們喜歡互相調侃對方。「好，湯姆，在進入新的內容前，你要不要先告訴凱特，我們之前講了些什麼？」

　　「好的。」我說，也試著趕緊集中思緒。

　　我向凱特說明巴德教我有關自我欺騙的觀念：我們面對別人時，不是在框框內，就是在框框外；並且引用巴德在飛機上的例子，說明我們幾乎做出任何的行為，可以是在框框內，也可以是在框框外，在框框內或框框外的不同，使我們對別人的影響力產生了極大的差異。「巴德講的意思是，」

我接著說：「一個組織的成功與否，取決於我們是在框框內，還是框框外，而身為領導者，對別人所產生的影響力，也取決於同樣一件事。」

「我可以跟你講，我非常相信這一點。」凱特說。

「我認為自己也同意這一點。」我說，心裡想著得到他們的認同。「不過巴德也講，不論我們是在框框內還是框框外，是我們看到在組織裡，大多數有關人的問題中的核心問題。我得承認，自己還不是很確定是不是已經懂了這個部分。在走過來的路上，妳說傑格魯的回報和評估系統都是以這個為基礎，不過對於這是如何做到的，我真的還不是很清楚。」

「沒錯，我想你會有這些問題也是正常的。」巴德看起來很得意地說。「你今晚回家的時候，我認為你一定開始會有感覺，至少我希望如此。但是在我們繼續講下去之前，你提到午餐時間的一個半小時裡發生了很多事，有什麼是跟我們早上講的有關的嗎？」

我點點頭，告訴他們雪莉和喬伊絲的事。巴德和凱特似

乎很高興，我說：「一切真的都很順利，但是之後⋯⋯」我在不假思索的情況下，差一點就把我跟蘿拉之間的問題脫口而出，幸好及時打住。「之後我打給一個人。」我說。

巴德和凱特等著我繼續講。

「我不想提太多。」我一邊說，一邊試著隱藏自己的婚姻狀況有問題。「這跟我們會談的內容應該沒關係，而且這個特殊人物深陷於框框裡，我跟他一講，自己也陷進去，我剛剛打電話時就發生這種情形。我在框框外，加上有了之前這兩個不錯的經驗，於是就想打個電話問候他。不過他卻潑了我冷水，不想讓我到框框外，硬生生把我拉回去。在這種情況下，我想我能做的已經盡可能好了。」我正期待巴德或凱特能說些什麼，可是他們倆人不發一語，彷彿要我繼續講。「其實也沒什麼大不了的，」我接著說：「只是這件事讓我有點弄不清楚。」

「哪個地方不清楚？」巴德問。

「就是從一開始所講的框框，」我說：「我的意思是，假如別人一直把我們推到框框裡，我們該怎麼辦？我認為我

想弄清楚的是,當別人一直把你推進框框裡的時候,要如何跳出來呢?」

聽到這裡,巴德站了起來,摸摸自己下巴。「呃,湯姆,」他說:「我們等一下一定會談到如何跳出框框,不過,我們首先得先瞭解大家是怎麼掉進裡面的。」

「讓我告訴你一個故事。」

3　自我背叛

「起初,你可能會覺得這個故事沒什麼意思,甚至不是職場上的例子,不過在了解更多之後,我們會再應用到工作上。總之,這只是個很簡單的故事——甚至可以說無聊,但是它卻清楚說明了我們一開始是怎麼掉進框框裡的。

「很多年前的一個晚上,當大衛還是嬰兒的時候,我被他嚎啕大哭的聲音吵醒,那個時候他應該才四個月大。我看了一下時鐘,大概是半夜一點。那個瞬間,我有個念頭、有個想法,或應該說是一種感覺——覺得我應該做些什麼,那便是『起來照顧大衛,讓南茜能好好睡覺』。」

「如果你仔細想想,這種想法是再普通也不過的了。」他接著說:「我們都是人,當我們在框框外,把別人也都當作人來看待時,我們對別人就會存在這種再普通不過的想法——也就是說,好比我們自己,他們同樣會有希望、有需

求、有煩惱，也有憂慮的地方。有些時候，我們因為這種想法會產生一種感覺，感覺想幫別人做些什麼事——我們認為他們可能需要幫助，自己可以幫他們去做這些事，想要幫他們去完成。你懂我講的意思嗎？」

「沒錯，講得很清楚。」我說。

「當時的情形就像這樣——我覺得有種想法，要為南茜做些什麼。不過你知道嗎？我並沒有動作，只是躺在床上，聽著大衛一直哭。」

我懂。我也常常對陶德和蘿拉這樣。

「你可以說，我『背叛』了自己的想法，本來應該為南茜做些什麼的想法。」他說：「這樣講是有點強烈，不過我的意思只是說，我的動作跟自己想法上應該要做的相反，亦即我違背了自己原本應該對別人該有的想法。我們把這種情形稱為『自我背叛』（self-betrayal）。」

這時，他轉身在白板上寫東西。「我可以把這個圖擦掉嗎？」他指著做出行為有兩種方式的那張圖說。

「可以的，你擦掉沒關係。」我說：「我已經懂了。」

他在白板的左上角寫了下面的字：

自我背叛

1. 自己心裡原本覺得應該對別人做些什麼，實際上卻沒這麼做，這種行為稱為『自我背叛』。

「湯姆，自我背叛是一件再平常不過的事了。」凱特用很輕鬆的語氣補充說：「多聽一些例子可以幫助你理解。」她看了一下巴德。「你介意我來講嗎？」

「請說。」

「昨天我到紐約的洛克斐勒中心，」她開始講：「我進了電梯，就在門快要關上的時候，角落有個人匆匆忙忙跑向電梯。那個瞬間，我有個想法，自己應該擋住門讓他進來，不過我卻沒這麼做。我就這樣讓門關上，最後看著他伸長了手。你有過這種經驗嗎？」

我必須說的確有，我不好意思的點點頭。「或是像這類的情形：想想有的時候，你覺得應該要幫一下你的孩子或另

一半,可是卻沒這麼做。或是你覺得應該跟某個人道歉,但最後卻始終沒說出口。或是像你很清楚有些資訊對於你的同事會很有幫助,不過你就是什麼也沒講。又或是比如有的時候,你知道需要加班幫某個人完成工作,自己卻先回家了——也沒先跟那個人講。湯姆,我可以舉出很多例子。而這些事我都做過,我敢說你也一樣。」

「沒錯,我幾乎都做過。」

「這些都是自我背叛的例子——明明心裡有個想法應該幫別人做點什麼,實際上卻沒有行動。」

凱特停頓的同時,巴德插話進來:「湯姆,你想想看,這並不是什麼偉大的概念,而是這麼簡單的道理。然而,它隱含的弦外之音卻讓人吃驚,驚訝其中的不簡單。我來解釋一下。」

「我們回到剛剛嬰兒在哭的故事。想像一下當時的狀況,我覺得我應該起床讓南茜繼續睡,可是我並沒有這麼做。只是繼續躺在南茜旁邊,而她也躺在床上。」

巴德講述這段經過的同時,他在白板中間畫了下圖:

```
              感覺
    得起床照顧大衛,讓南茜可以繼續睡
              ↓
           選擇 → 尊重感覺
              ↓
           背叛感覺
          「自我背叛」
```

「好,這時候,就在我繼續躺著,聽到小孩子哭嚎之際,你能想像一下我會怎麼開始看南茜,心裡會有怎樣的感覺?」

「呃,因為她也沒起來,對你來說,你可能會覺得她很懶。」我說。

「好,『很懶』。」巴德也同意,並且在白板上加上去。

「不替別人著想,」我補充說:「你可能會認為自己做了這麼多,她還不知道要感激,一點都漠不關心。」

「湯姆,你講得很順嘛。」巴德說,並且把我講的加到

圖上。

「沒錯，呃，我猜一定是我的想像力很豐富。」我附和著說：「我自己對這種狀況不是很清楚。」

「你當然不清楚，」凱特說：「巴德，你也不清楚，對吧？你們兩個可能都是繼續睡，不會想到這些。」她咯咯笑著說。

「哈，有得吵了。」巴德笑著講：「不過凱特，謝謝妳。妳提到睡覺這個有趣的點。」他轉向我問：「湯姆，你認為呢？南茜真的睡著了嗎？」

「呃……可能吧，但是我也在懷疑。」

「所以你認為她是裝的——假裝在睡？」

「我在猜是這樣沒錯。」

巴德在圖中把「假裝的」這幾個字加上去。

「巴德，等一下。」凱特有意見了。「說不定她是真的在睡覺——說不定啦，從口氣上聽起來，因為她為你做了那麼多事，所以很累。」

「也許是這樣吧。」巴德笑到露出牙齒。「但是別忘

了,不管她是不是真的睡著,現在的重點,在於我是否認為她睡著了。我們所講的,是當我在自我背叛後,我的想法變得怎樣,這才是重點。」

「我知道。」凱特說著的同時,把背靠回了椅子。「我只是開個玩笑的。如果是我舉的例子,你也會挑出一堆毛病。」

「所以就那個當下的想法,」巴德看著我繼續說:「假如她是裝睡,放任自己的寶寶嚎啕大哭,你們會認為我覺得她是個怎樣的媽媽?」

「可能是很糟糕的那一種。」我說。

「會是哪一種老婆?」

「一樣,糟糕的那種——也不替別人想想,老是覺得我做的還不夠多之類的。」

巴德把這些也寫在圖上。

「那麼,我們看一下。」他說的同時退開了白板,讀出剛剛所寫的。「所以在自我背叛之後,我們可以這樣推測,我在那時候可能會開始認為自己的老婆很懶、不近人情、把

要我來做看成是理所當然、對別人漠不關心、又愛假裝，而且是個很糟糕的媽媽，一個糟糕的老婆。」

「哇，巴德，你太棒了。」凱特用諷刺的口吻說：「你把我認識最好的其中一個人講得一文不值。」

「我知道，很可怕吧，對不對？」

「我也這麼認為。」

「但更可怕的還不只如此。」巴德說：「這是我開始對南茜的看法，而我在自我背叛後，你們覺得我會怎麼開始看我自己？」

「喔，你可能會覺得自己是個受害者——一個需要睡眠，卻無法好好入睡的可憐人。」凱特回答。

「沒錯。」巴德說著的同時，在白板上把「受害者」這個字眼加上去。

「而且你也會覺得自己非常認真工作，」我接著說：「第二天早上要做的事，對你來講可能很重要。」

「很好，湯姆，講得沒錯。」巴德一邊說，一邊在白板加了「非常認真工作」和「很重要」這兩項。

「現在想想另一個狀況又是如何？」他停了一下，然後問我：「假如那個晚上我有起來照顧小朋友呢？如果情況是這樣，你們覺得我會怎麼看我自己？」

「喔，你會把它看成是『公平的』。」凱特回答。

「對，那再想想這一點。」他接著說：「聽到了小孩在哭鬧，誰比較關心他？」

我笑了出來。就巴德看待南茜和他看自己的方式，儘管聽起來既荒謬又可笑，卻也很正常。「這個嘛，很顯然，你當然是比較關心孩子的那位。」我說。

「如果我對孩子很關心，那麼你們認為我是一個怎樣的爸爸？」

「好爸爸囉。」凱特回答說。

「沒錯，而假如我從這些角度看自己，」他指著白板說：「如果我看自己是『非常認真工作』、『公平的』、『很關心』、『好爸爸』之類的想法——那麼我會認為自己是個怎麼樣的老公？」

「真的很棒的老公——特別是能夠忍受像自己老婆這種

類型的。」凱特說。

「正確。」巴德說的同時,也把它加到了圖上。「我們看看現在寫了哪些。」

感覺
得起床照顧大衛,讓南茜可以繼續睡
↓
選擇 → 尊重感覺
↓
背叛感覺
「自我背叛」
↓

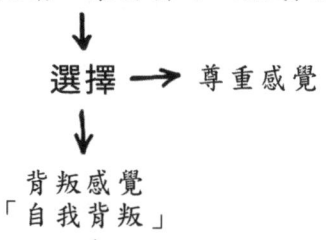

我怎麼開始看**自己**	我怎麼開始看**南茜**
●受害者	●很懶惰
●非常認真工作	●不替別人著想
●很重要	●不知道要感激
●公平的	●漠不關心
●很關心	●又愛假裝
●好爸爸	●糟糕的媽媽
●好老公	●糟糕的老婆

「我們思考一下這張圖。首先,看看我在自我背叛後,是開始怎麼看南茜的——覺得她懶惰、不替別人著想,諸如此類。那麼再想想看:這些對南茜的想法和感覺有沒有讓我重新考量自己的決定,做出我覺得應該為她做的呢?」

「完全沒有。」我說。

「這些想法和感覺對我有什麼影響?」巴德問。

「嗯,它們把你的不作為合理化了,給了你繼續躺在床上的藉口,不用去照顧大衛。」

「沒錯。」巴德說的同時,轉身面對白板。他在自我背叛的敘述裡加上第二個句子。

自我背叛

1. 自己心裡原本覺得應該對別人做些什麼,實際上卻沒這麼做,這種行為稱為『自我背叛』。
2. 在自我背叛後,我開始用把自己行為合理化的想法來看事情。

「在自我背叛之後,」巴德退開了白板說:「不管我做

什麼或都沒動作,我的想法和感覺會開始把我的行為合理化。」

他退後坐了下來,這時我想到蘿拉。

「接下來的幾分鐘,」他說:「我會來檢視一下自己的想法和感覺,看它們是怎樣將我的行為合理化的。」

4 自我背叛的特徵

「首先,想想這一點:南茜是從什麼時候開始在我眼中變得很糟糕的?在我自我背叛前,還是之後?」

「當然是之後。」我說。這個問題又把我的思緒拉回他的故事裡。

「沒錯,」巴德說:「那麼你認為是從什麼時候開始,睡眠在我眼中變成更重要的事,是在我自我背叛前,還是之後?」

「喔,我想是在之後。」

「再從其他方面想想看——好比我第二天早上的工作——對我來說變得更重要了,是在我自我背叛前,還是之後?」

「同樣是在之後。」

巴德停頓了一會。

「現在問你另一個問題：再看一下我是怎麼開始看南茜的。你覺得南茜在我自我背叛後，實際上有沒有看起來的那麼糟糕？」

「沒有，可能不是這樣。」我說。

「我可以幫南茜保證。」凱特說：「她一點也不像這上面所寫的。」

「的確不是。」巴德也同意。

「是啊，但她萬一就是這樣的人呢？」我插嘴說：「我的意思是，說到這一點，如果她真的是個很懶又不會替別人想的人，甚至是個差勁的老婆呢？這沒有影響嗎？」

「湯姆，問得好。」巴德說著又再次起身。「我們思考一下。」

他開始在桌子旁踱步。「就討論的爭議點，我們假設南茜真的很懶，也假設她通常都不替人著想，畢竟有些人真的是這樣。那麼問題來了：假如她在我自我背叛之後很懶惰，又不替人著想，那麼她在我自我背叛前，一定也是這樣，對吧？」

「對的。」我回答說：「假如她是個很懶又不為別人著想的人，她就是這樣，不管你在自我背叛前後都一樣。」

「好，很好。」巴德說：「如果是這種情況，那麼注意了——儘管她很懶惰，又不替人著想，我覺得還是應該起來幫她。在我自我背叛前，並沒有看到她有這些缺點，把它當成不幫忙的理由，只是在我自我背叛後，出現這樣的感覺，我才用她這些缺點，把自己不好的行為合理化。有道理吧？」

我不確定。聽起來好像可以講得通，不過討論的內容讓我不太舒服，因為我家裡也有同樣狀況的例子。雖然蘿拉可能說不上懶，但她真的不會替人著想。對我而言，她不是個稱職的老婆，至少從最近的表現看起來，而似乎其中也好像跟有沒有得到我的幫忙有關。假如有個人對我一點感覺也沒有，要我去幫她就變得很困難。「我覺得聽起來有道理。」雖然我這樣講，不過對於該如何表達心中的疑問，該不該表達，自己仍然覺得很困擾，也很不確定。

「我們換個方式來思考。」巴德說的時候，應該感覺到

了我的不確定。「記得剛剛我們討論過的，即使南茜真的很懶，也不會替人著想，那麼你認為她會在什麼時候看起來更懶、會更不考慮到別人——是在我自我背叛前，還是之後？」

「喔，沒錯。」我說的同時才想起之前提過這一點。「之後。」

「沒錯，所以就算她真的懶惰，也不替別人著想，事實是，在自我背叛時，讓我覺得她比實際上更懶，也更不替別人著想。事情都是我在做，不是她。」

「好，我懂了。」我點頭說道。

「想想看，」巴德接著說：「我在自我背叛後，便認為自己不打算起床幫南茜，因為她平常對我那樣——很懶、又不替別人著想之類的，但真的是這樣嗎？」

我看著圖。「不是的。」我說，也開始懂得其中的意思。「你會認為事實是這樣，但其實並非如此。」

「說得對。事實是，她的缺點變成是我本來應該幫她，卻沒有這麼做的理由。我把焦點放在她的缺點上，也誇大了

這些缺點，好讓我覺得自己的行為是合理的。在我自我背叛之後，我認為自己想到的，也恰好與事實相反。」

「嗯，我想那樣講沒錯。」我緩緩點著頭說。巴德講的內容越來越有趣，不過我還是在想，蘿拉的情形要如何套在裡面。

「那就是巴德對南茜的看法如何被扭曲的過程。」凱特說：「可是想一下，他連對自己的看法也都扭曲了。你覺得他真的就像自己所認為的，非常認真工作、很公平，也很關心別人嗎？他自認為是個好爸爸和好老公，不過舉個例子，他在那一刻真的是好爸爸和好老公嗎？」

「不是啊，妳講的對，他並不是。」我說：「在那個時候，他把南茜的缺點誇大了，反而對自己的缺點輕描淡寫，甚至還將自己的優點講得很誇張。」

「沒錯。」凱特說。

「那麼再想一下，」巴德插進我們的對話中說：「我在自我背叛之後，能不能很清楚看待自己。」

「不能。」

「那麼對南茜呢?我在自我背叛之後,能不能很清楚看待她?」

「也不能。你沒辦法很清楚去看任何事情。」我說。

「所以一旦我背叛了自己,我對事實的看法便被扭曲了。」巴德總結說,然後轉身面向白板。

他在對於自我背叛的描述中加上第三行字。

自我背叛

1. 自己心裡原本覺得應該對別人做些什麼,實際上卻沒這麼做,這種行為稱為『自我背叛』。
2. 在自我背叛後,我開始用把自己行為合理化的想法來看事情。
3. 當我用自圓其說的角度來看事情時,我對事實的看法便被扭曲了。

「那麼,湯姆。」巴德說完停了一下,讓我們看看他寫了些什麼。「我在自我背叛後,人在哪裡?」

「你的人在哪裡？」我一邊問，一邊試著瞭解問題。

「想想看，」他回應說：「在自我背叛前，我只看到自己可以做些什麼來幫南茜。她是我認為需要幫助的人，我用坦率的角度來看整個狀況。然而在自我背叛後，我對她和對自己的觀點都產生扭曲，變得用把自己行為合理化的角度來看事情。我的觀點都是從對自己有利的角度出發，產生了系統性的扭曲，就在我自我背叛之後，我被自己給騙了。」

「喔，我懂了。」我用終於明白了的口氣說：「所以當你在自我背叛後，就掉進了框框裡。你講的就是這個意思，也就是你剛剛問你在哪裡那個問題的答案，對不對？」

「完全正確。」他說著，又轉身在白板上寫字。

「自我背叛就是為何我們掉進框框的原因。」

自我背叛

1. 自己心裡原本覺得應該對別人做些什麼，實際上卻沒這麼做，這種行為稱為『自我背叛』。
2. 在自我背叛後，我開始用把自己行為合理化的想法來

看事情。

3. 當我用自圓其說的角度來看事情時，我對事實的看法便被扭曲了。

4. 所以——當我自我背叛時，自己便掉進了框框。

「巴德，根據討論的內容，我認為我們應該在你的圖上加上幾點。」凱特說的同時，起身走向白板。

「沒問題，請補充。」巴德說完回到他的位子。

一開始，她就巴德自我背叛的經驗，在這些敘述的內容外加了一個框框。然後在旁邊寫著：「當我自我背叛時，自己便掉進了框框——自我欺騙的框框。」

「現在，」她轉身對我說：「我要把巴德故事裡自我欺騙有四大特徵的重點彙整出來，把它們列在圖上。」

「首先，」她說：「記得巴德在自我背叛後，他是怎麼讓南茜變得比實際的她還糟糕的嗎？」

「嗯，」我點點頭說：「他誇大了她的缺點。」

「一點也沒錯。」

凱特在圖中加上了「誇大別人的缺點」。

「巴德是怎麼看自己的缺點的？」她問：「他在自我背叛之後，有沒有用坦率的角度來看這些缺點？」

「沒有，」我回答：「他算是忽略了自己的缺點，只是聚焦在南茜的缺點上。」

「沒錯。」她在圖中再加上「誇大自己的優點」。

「那你記不記得，在巴德自我背叛了之後，覺得繼續睡覺和這沒什麼不公平兩件事的重要性又有怎樣的變化？」她問。

「我記得。在他自我背叛後，這些事似乎變得比之前還重要。」

「正確。在巴德自我背叛之後，那個情況下，任何可以讓他把自我背叛合理化的理由都變得更重要了——例如繼續睡覺、公不公平、還有第二天要忙的工作等，都變得更重要。」

凱特把「誇大可將自己行為合理化的理由」加到圖中。

「好，」她說：「還有一點，我講完就坐下。在這個故

事裡，巴德是從什麼時候開始責怪南茜的？」

我看了看圖。「從他開始自我背叛的時候。」我說。

「沒錯。他在認為應該幫南茜時，並沒有責怪她，反而是在沒能幫她時，才開始怪她。」

她加了「責怪」的字眼到圖上。

「在自我背叛之後，」巴德說：「我對她的抱怨變得多很多。圖上寫的這些內容，都是我對南茜的想法，可是想想看，我在掉進框框後，對她的感覺出現了什麼變化？例如你會不會在想，我可能會覺得很煩呢？」

「絕對是這樣。」我說。

「注意囉。」巴德一邊說一邊把我的注意力拉回圖上。「當我認為應該要幫她的時候，我有覺得很煩嗎？」

「沒有。」

「有生氣嗎？你覺得我掉進框框後，是否生氣了？」

「喔，一定的，從你對她的方式看得出來。假如我老婆看起來也是那樣，我一定對她很生氣。」我對自己講的也很驚訝，因為當我注視那個圖的同時，感覺自己的老婆看起來

真的就是那樣。

「你說的對。」巴德認同，他說：「當下看到自己的老婆表現得這麼漠不關心，我覺得非常不舒服，所以即使沒繼續那樣想，對她的抱怨還是停不下來。我在框框裡，自己的感覺也會在抱怨別人。這些感覺像是在說：『我會覺得煩，是因為別人真的很煩，我之所以會生氣，是因為別人做了讓我會生氣的事。』當我在框框裡，一直都是在怪別人——我的想法、我的感覺告訴我，都是南茜的錯。」

「說得清楚一點，」他接著講：「該怪南茜嗎？就像我的煩躁和怒氣告訴我的，我是因為南茜而覺得很煩、很生氣的嗎？我的想法和感覺有告訴我實話嗎？」

我想了一下，自己並不確定。說感覺會騙人似乎很怪，如果巴德指的是這個意思。

「可以從這個角度來想，」巴德指著白板接著說：「在這個故事裡，我原本沒有覺得很煩、很生氣，到又煩又氣之間，只發生了一件事，是什麼？」

我看著那個圖。

「是你選擇了不做你本來覺得應該做的事，」我說：「你自我背叛了。」

「說得對，這是唯一發生的事。所以，是什麼原因造成我對南茜感到很煩、很生氣？」

「是你的自我背叛。」我講的聲音越來越小，因為我被這個觀念所隱含的意義有點搞混。真的嗎？這樣講對嗎？

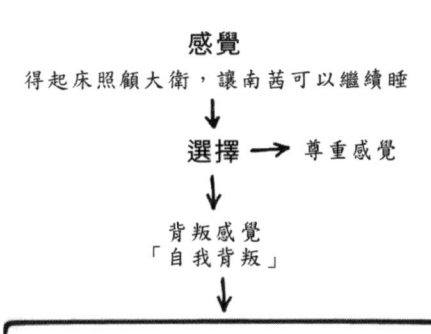

感覺
得起床照顧大衛，讓南茜可以繼續睡
↓
選擇 → 尊重感覺
↓
背叛感覺
「自我背叛」
↓

我怎麼開始看**自己**	我怎麼開始看**南茜**
● 受害者	● 很懶惰
● 非常認真工作	● 不替別人著想
● 很重要	● 不知道要感激
● 公平的	● 漠不關心
● 很關心	● 又愛假裝
● 好爸爸	● 糟糕的媽媽
● 好老公	● 糟糕的老婆

當我自我背叛的同時，就掉進框框裡
我被自己給騙了

1. 誇大別人的缺點
2. 誇大自己的優點
3. 誇大把自己行為合理化那些理由的重要性
4. 責怪別人

我再次看著圖。巴德在自我背叛前對南茜的看法，是不管她有什麼缺點，就只是個需要他幫忙的人，我可以理解這一點。但是在巴德自我背叛後，南茜對他來說，似乎變了一個人，她似乎不值得任何的幫助。而巴德會這麼認為，是因為她有這麼多的缺點。不過事實並非如此。巴德會開始覺得很煩、很生氣，和他原本不是這樣之間，是因為他做了一件事——他自我背叛了——而不是南茜做了什麼。因此，是巴德的感覺騙了他！

不過這跟我的情形不一樣啊！我的內心在大喊。蘿拉真的有問題，不是我自己想像的——老天知道這不是我編出來的。我的意思是，她所表現的一點也不溫柔，一副漠不關心的樣子，就像一把冷冰冰的刀子，我瞭解這把刀有多麼利，她也很懂得怎麼用它。然後巴德是想跟我說，這全是我的錯？那蘿拉呢？為什麼不是她的錯？

我抓住這個想法，那就對了。我告訴自己，或許錯在於她，自我背叛的人是她。這麼一想，我的感覺有好一點。

不過等等，我得說服我自己。我也在責怪別人，這個想

法本身就是在怪別人。巴德就是在自我背叛後,開始怪別人的,不是在自我背叛前。

好,那又如何呢?我反問自己,如果揮著那把刀的是蘿拉,我怪她也很合理吧。

但為什麼我需要覺得自己的想法很合理?

喔,管它的!為何我要對自己產生質疑?我這麼想著。有問題的人是蘿拉才對。

可是巴德心裡也是這麼認為的,我突然想起來。

我覺得我在自己認為理解的東西和正在學的之間,好像卡住了。不是這些講法完全不通,就是我的想法錯了。我搞得一團亂。

然後,我想到了答案。

5 掉進框框裡的生活

我再次看著白板上的圖。

沒錯！我自己偷偷高興。會發生所有這些問題，都是因為巴德背叛了他先前對南茜的感覺，但是我很少對蘿拉有那樣的感覺，而且原因很明顯——蘿拉比南茜糟糕很多。像蘿拉的態度，沒人會覺得應該要幫她的，我的情況並不一樣。巴德之所以困擾，是因為他背叛了自己，我卻沒有背叛自己。我得意得靠回椅背。

「好，我想我懂了。」我說的同時，準備提出我的問題。「我想我瞭解自我背叛的觀念了。聽聽看我的理解：身為人，我們都會有一種感覺，覺得別人可能需要幫忙，我們可以怎麼幫他們，對吧？」

「沒錯。」巴德和凱特幾乎同時說。

「假如我有這種感覺，卻沒付諸行動，那麼我便背叛了

自己該幫某個人做些什麼的感覺,這就是我們在講的『自我背叛』,對不對?」

「沒有錯,的確如此。」

「如果我背叛了自己,就會開始用不同的眼光來看事情——對別人的看法,對自己的看法,還有對自己所處的環境——每一件事都被我自己覺得做得還OK的想法給扭曲了。」

「是的,是這樣沒錯。」巴德說:「你開始會用覺得自我背叛很合理的角度來看每一件事。」

「好,」我說:「這個我懂,這就是你所講的『框框』。我們在自我背叛後會掉進框框裡。」

「沒錯。」

「好,不過現在問題來了:如果我沒有背叛的感覺呢?舉例來說,假如孩子在哭,我根本沒有像你講的那種感覺或想法呢?如果我只是用手肘頂一下我老婆,要她去照顧孩子呢?按照你講的,這就不是自我背叛,我也就不會掉進框框裡,對嗎?」

巴德停頓了一下。「湯姆,這是個很重要的問題,我們

必須仔細思考。對於你是否在框框裡，我不清楚，你得想想你在生活中的狀況，然後自己決定。不過有一個部分我們還沒談到，可能會對你的問題有幫助。」

「到目前為止，我們學了大家是怎麼掉進框框裡的。就這一點我們可以思考一下，大家是如何帶著框框跑的。」

「我們是如何帶著框框跑？」我問。

「沒錯。」巴德起身，指著圖說：「注意到我在自我背叛之後，用某種自我合理化的方式來看自己──例如，認為自己『非常認真工作』、『很重要』、『公平的』、『很關心』，還在某種程度上覺得自己是個『好爸爸』和『好老公』。但現在出現一個重要的問題：我在自我背叛前，是躺在那裡，用這些自我合理化的角度想事情的嗎？」

我思索著這個問題。「沒有，我不認為如此。」

「這就對了。用這些自我合理化的角度看事情，是源於自我背叛──因為我需要將自己的行為合理化。」

「好，那樣講聽起來有道理。」我說。

「可是想想看，」巴德接著說：「我們先前談的自我背

叛,只是個簡單的例子,而且也發生在好多年前,你覺得我只有自我背叛過那麼一次嗎?」

「我很懷疑。」我說。

「你不用懷疑,」巴德咯咯笑著說:「我都不知道我哪一天沒背叛自己——或許甚至不到一小時。我這輩子都在背叛自己,你、凱特,還有傑格魯的其他每位同仁都是如此。每當我背叛自己的時候,就會用某些自我合理化的角度來看自己——就像我在剛剛講的故事裡所做的事。隨著時間,結果是這些自我合理化所塑造出來的形象,變成了我的特質。它們形成我的框框,當我面對新的狀況時,也帶著它們跟著我。」

這時候,巴德對於自我背叛的敘述加上第五個句子。

自我背叛

1. 自己心裡原本覺得應該對別人做些什麼,實際上卻沒這麼做,這種行為稱為『自我背叛』。
2. 在自我背叛後,我開始用把自己行為合理化的想法來

看事情。

3. 當我用自圓其說的角度來看事情時,我對事實的看法便被扭曲了。

4. 所以——當我自我背叛時,自己便掉進了框框。

5. 隨著時間,有些框框變成我的特質,我也帶著它們一起跑。

我坐著,試著消化這些說明的含意,不過不是很確定我清楚。

「我跟你說明我講的意思。我們先看這些自我合理化塑造出來的形象,」巴德指著圖上『好老公』的字眼說:「想像經過了多次的自我背叛,這個形象已經變成是我自認為的特質。所以當我經歷了自己的婚姻和生活的同時,我會把自己看成是個好老公,可以接受嗎?」

我點點頭。

「想想看:這天是母親節,到了晚上,我太太用傷心的語氣說:『我覺得你沒有把今天當成是我的節日。』」

巴德停了下來，這時我則是想到幾個月前母親節在家裡的情形，蘿拉幾乎講了同樣的話。

「假如我帶著自我合理化的形象，彷彿在講：『我是那種好老公的人』，你認為當南茜怪我沒有想到她的時候，我可能會開始用怎樣的角度來看她？你覺得我是不是可能開始認為得幫自己講講話，也要怪她一下？」

「喔，絕對的。」我在講的同時，想到了蘿拉。「例如，你會怪她沒注意到或沒感謝你做了那麼多事。」

「是啊，所以我可能會怪她沒有心存感激。」

「或是講得嚴重一點，」我又說：「你可能會覺得她讓你進退兩難。我的意思是，她怪你沒考慮到她，自己卻是幾乎不會考慮到你的人。如果她自己從來沒做過些什麼，卻希望你先有動作，讓她覺得那天很快樂，這對你來說真的很難。」我把話趕緊打住，因為覺得一陣尷尬上來。巴德講的故事讓我想到了自己的問題，我講得有點失言，也讓巴德和凱特窺見這是我對蘿拉實際的感覺。我在心裡罵了自己，決定講話要更中肯一點。

「沒錯，」巴德說：「我完全懂你的意思。當我用那種感覺看南茜時，你是否認為我可能也把她的缺點誇大了？在我看來，她是不是比實際上還要糟糕呢？」

我不想回答，不過巴德在等我。「嗯，我想應該是吧。」我最後還是說了出口。

「另外留意一點，」巴德接著說：「當我的感覺是那樣子的時候，會認真思考南茜所抱怨的——我沒有真的想到她嗎？或是應該說，我看起來會像是不理她嗎？」

我想到和蘿拉吵不完的狀況。「你可能還不認為是自己的問題。」我最後用平淡的語氣說出。

「我是這樣沒錯，」他指著白板繼續講：「責怪南茜，誇大她的缺點，卻掩飾自己的缺點。那麼我人在哪？」

「我想你的人在框框裡。」我回答得並不自然，因為心裡對這點有意見——但是南茜呢？說不定她也是在框框裡，我們怎麼不想一下這個部分？我突然對此感到生氣——對這所有的一切。

「對，」我聽到巴德說：「不過注意——我當時需要背

叛什麼感覺，才會讓自己對她掉進框框裡？」

我不太懂這個問題。「什麼意思？」我問得有點衝，自己也嚇了一跳，感覺又把自己想的暴露出來，我決定要跳脫來看才不到一分鐘。「巴德，很抱歉。」我試著恢復情緒。「我不太懂這個問題。」我說。

巴德很有禮貌地看著我。很明顯，他注意到我不高興，不過沒有就此打住的意思。「我問的是：我對南茜是在框框裡——我怪她，把她的缺點誇大，諸如此類——但是我當時有背叛了什麼感覺，才會讓自己對她掉進框框裡嗎？」

不知什麼原因，這些話和巴德的問題讓我冷靜下來。我想著他的故事，並不記得他有提過自己背叛了什麼感覺。「我不確定，」我回答說：「應該沒有。」

「沒錯。我當時並未背叛自己的感覺才掉進框框，因為我之前就已經在裡面了。」

我看起來一定是很困惑，因為凱特也跳進來解釋。「湯姆，記得巴德剛剛講的嗎？隨著時間，我們在自我背叛之際，會用不同自我合理化的理由來看自己，之後便帶著這些

自認為合理的形象，跟著我們一起進到新的狀況。就程度上而言，當我們進到新狀況的時候，人早就已在框框裡了。我們看別人的角度不再那麼坦然，把別人當作人來看，反而是用我們自己營造出來自我合理化的形象來看待別人。如果別人的行為像在質疑我們自我合理化的形象，我們就會把對方視為威脅；如果別人的行為是在挺我們自我合理化的形象，我們便會把對方看成是同一陣線的朋友。假如他們對於我們營造的形象沒什麼影響，我們便會把這些人視為不重要。不管我們怎麼看，對我們來說，這些人都只是物體而已，其實我們早就已經在框框裡了。這就是巴德講的重點。」

「一點也沒錯。」巴德贊同說：「如果我對某個人一開始就在框框裡，通常就不會覺得他們需要我幫忙。所以事實是，我很少想去幫別人，這或許並不表示我的人在框框外，而可能是我早就深陷在框框裡頭的徵兆。」

「所以你是說，如果我在生活中，通常都沒有想幫別人做一點事的感覺——比方說，幫我老婆蘿拉——我可能對她早就已經在框框裡了？你的意思是這樣嗎？」我問。

「不，不盡然。」巴德回我，然後坐了下來。「我是在講，通常對我來說是這樣——至少對我生活中最親近的人是如此。至於你對蘿拉是不是也一樣，我並不清楚，這得由你自己來決定。不過一般的原則下，我會建議：如果在某個情況你好像已經掉進框框裡，但卻又無法確定當時自己背叛了什麼感覺，那麼就暗示你可能已經在框框裡了。另外有個方法很管用，你可以想一想自己是不是帶著一些自我合理化的形象，而這些形象讓你覺得受到了威脅。」

「例如，像自認為是一個好先生或好太太嗎？」我問。

「沒錯，或自認為很重要、很有能力、非常認真工作，或是絕頂聰明的人。也或許覺得自己是個什麼都懂、付出一切的人，或是自己從不犯錯，常常想到別人之類的。幾乎每一件事都能被曲解為自我合理化的形象。」

「你講的曲解是什麼意思？」

「我的意思是，很多自我合理化的形象在框框外的時候本來很好，但到了框框內意義卻被曲解。舉例來說，當個好先生或好太太本來是好事，我們對自己的另一半都應該如

此，又如不管我們做哪個行業，經常可以想到別人，盡可能讓自己有更多的知識本來也是一件好事，諸如此類。可是，當這些認知只是存在於我們自我合理化的形象時，表示我們並不是這樣的人。」

「我不確定我懂你所講的。」我說。

「嗯，」巴德說著又站起身來。「我們來想一下自我合理化的形象代表的意義。」他又開始走來走去。「例如，能替別人想絕對是好事，但是，當我認為自己是那種會替別人想的人的時候，自己心裡想的到底是誰？」

「我想是你自己。」

「沒錯。所以是我自我合理化的形象騙了我，它告訴我，自己的重點只放在一件事情上——在這個例子裡，是別人——但是具備這種形象所代表的意義，其實是我只在意自己。」

「好，很合理。」雖然我嘴巴這樣講，但試著找出他邏輯裡的漏洞。「不過，你提到有關絕頂聰明或無所不知的例子，這個講法又是什麼意思呢？」

「我們想想看，假設你自我合理化的形象告訴你，你是個什麼都懂的人，但如果有個人跟你講一件你不知道的事，你會有什麼感覺？」

「我可能會認為他講的東西有問題。」

「沒錯，那麼他會繼續跟你講一些你不知道的事嗎？」

「大概不會。」

「你會因為這樣學到新的東西嗎？」

「不會，我不這麼認為。喔，我懂你的意思了。」我帶著茅塞頓開的感覺說：「我自認為什麼都懂的自我合理化形象，妨礙了我學習新東西。」

「對的，所以如果我帶著那種自我合理化的形象跟著我，我最在乎的，是不是在於每一件事都懂呢？」

「不盡然，我想你最在乎的，是你自己——自己看起來怎麼樣。」

「的確如此。」巴德說：「大多數自我合理化的形象都有的本質。」

巴德接著講，不過我的心思不太集中，迷失在自己的思

緒裡。好,所以我會帶著框框跟著自己跑,或許我有巴德講的其中一些自我合理化的形象,或許我對蘿拉是在框框裡,她通常對我來說只是個物體。好,那又該怎麼看蘿拉呢?到目前為止,好像都在講問題出在我身上,那麼她的問題呢?她也有自我合理化的形象吧?也要一起講啊!

　　這時我的怒火又再度燃起,突然之間,自己也發現到還有一件事:我氣呼呼的同時還在掩飾(hypocrisy)自己的不平。我對蘿拉的人在框框裡感到生氣,而對此生氣,不就表示我的人也是在框框裡。我對她生氣,是因為她就像我一樣!這個想法讓我愣住了,突然間,蘿拉對我來說似乎變得不一樣——並不是感覺她沒有問題的那種不一樣,而是看到了自己身上也有問題。她的問題似乎不再是我的藉口。

　　「湯姆。」凱特的聲音打斷了我的思緒。

　　「怎麼了?」

　　「湯姆,這些講得有道理嗎?」

　　「我覺得我懂,蠻有道理的。」我講得很慢。「我不是很喜歡這些講法,不過我聽得懂。」我停頓了一下,還在想

蘿拉的事。「我想我還有一些事要做。」

當時的氣氛很有趣。那天下午，是我第一次對巴德和凱特卸下心防，分享了自己的事——對自己可能有的問題敞開來說。事實上，不只是敞開來講，我也知道自己存在問題，而且在某些方面可能是大問題。在那之前，我都認為承認自己存在問題，就像個輸家一樣，像是在搏鬥之中倒地，然後蘿拉獲勝。不過現在從這個講法看來，似乎一點也並非如此。當下我有一種很奇特的感覺，覺得既自在又無拘無束，蘿拉沒有贏，而我也沒有輸。這個世界和在此刻之前我所知道的，非常不一樣，我感到了希望。讓人驚訝的，我在那時感受到了希望，就在發現自己存在問題那一刻。

「我懂你的意思，」凱特說：「我也有很多事要忙。」

「我也一樣。」巴德也點點頭說。

「我們還有一件事要談，」巴德說：「然後我會把討論的內容拉回工作上，看看所講的這些對於傑格魯有什麼意義。」

6　共犯結構

「到目前為止，」巴德說：「我們已經檢視過人在框框裡時的內在體驗，不過如同你能想到的，我的框框也會對別人產生很大的影響。」

「想想看，」他說著走到白板前。「假設這是我，我在框框裡，」他一邊說，一邊畫了一個框框，裡頭有個人的形狀。

「如果我人在框框裡，會傳達給別人怎樣的訊息？」

「你會傳達怎樣的訊息？」

「沒錯。」

「呃……，我想你會怪他們吧。」

「沒錯。你認為周圍其他人會這樣講：『天啊，我覺得今天真該被罵，看有沒有人來罵我嗎？』」

我笑了。「對，最好是。」

「我也不認為會這樣。」巴德說：「周圍大多數的人通常會這樣想：『聽我說，雖然我沒做到最好，不過真要命，在這種情況下，我也已經盡最大努力了。』」我們大多數人都會帶著自我合理化的形象跟著自己跑，很多人早已處於防禦心態，經常準備在這些自我合理化的形象受到攻擊時為自己辯白。所以如果我的人是在框框裡，我責怪別人，會讓他們做出什麼事？」

「我猜你責怪別人的同時會把他們引入框框裡。」

「沒有錯，」他講的時候，畫了第二個框框。「我怪別人時，也把他們引入了框框，然後他們怪我責備他們並不公平。可是因為我的人在框框裡，我會認為怪他們很合理，便覺得他們怪我的地方才不公平，於是更加地責備他們。當然

了,他們在框框裡的時候,也會覺得怪我很合理,會認為我進一步責備他們更不公平,於是他們怪我怪得更兇,如此循環下去。所以,因為我的人在框框裡,也會因而把別人引入框框裡。」他說的時候在兩個框框之間加了箭頭。

「而別人呢,在框框裡所能做的回應,便是讓我也繼續待在框框裡,就像這樣。」

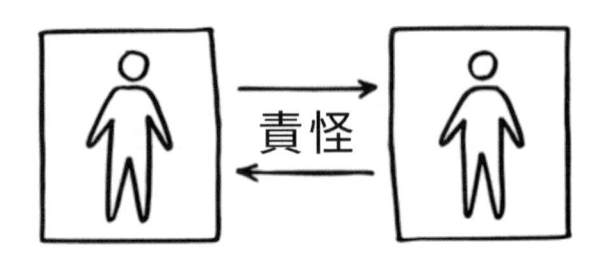

接著巴德在他所寫自我背叛的內容裡,加上了第六個句子:

自我背叛

1. 自己心裡原本覺得應該對別人做些什麼,實際上卻沒這麼做,這種行為稱為「自我背叛」。

2. 在自我背叛後，我開始用把自己行為合理化的想法來看事情。
3. 當我用自圓其說的角度來看事情時，我對事實的看法便被扭曲了。
4. 所以──當我自我背叛時，自己便掉進了框框。
5. 隨著時間，有些框框變成我的特質，我也帶著它們一起跑。
6. 我的人在框框裡，也會導致別人進到他們的框框裡。

「你可以自己加上任何想到的細節，」凱特指著圖上說：「你可以看到，當某個人掉進了框框，像這種互相刺激（mutual provocation），都認為自己行為合理的模式經常會出現。我舉一個例子。」

「我有個18歲的兒子，他叫布萊恩。說句實話，他讓人很頭痛。有一件他真的令我很煩的事，就是常常很晚才回家。」

我一直在想蘿拉的事，幾乎忘了還有陶德的問題。聽到

凱特在講她的兒子,我立刻想到他,也讓我的心情變得更悶。

「現在想像我對布萊恩是在框框裡。假如我人在裡面,你認為我會怎麼看他,以及他晚回家的問題?」

「這個,」我說:「妳會覺得他沒責任感。」

「好,講得很好,」凱特說:「還有呢?」

「妳會認為他是個愛惹麻煩的人。」

「而且也沒尊重妳。」巴德補充說。

「對。」凱特很認同。然後她指著白板,問道:「巴德,如果我擦掉責怪別人的這個框框可以嗎?」

「沒問題。」

巴德坐下,凱特走到白板,畫了一個圖歸納我們剛剛講的。「好,」她在圖上修改了一下,然後說:「我畫好了。」

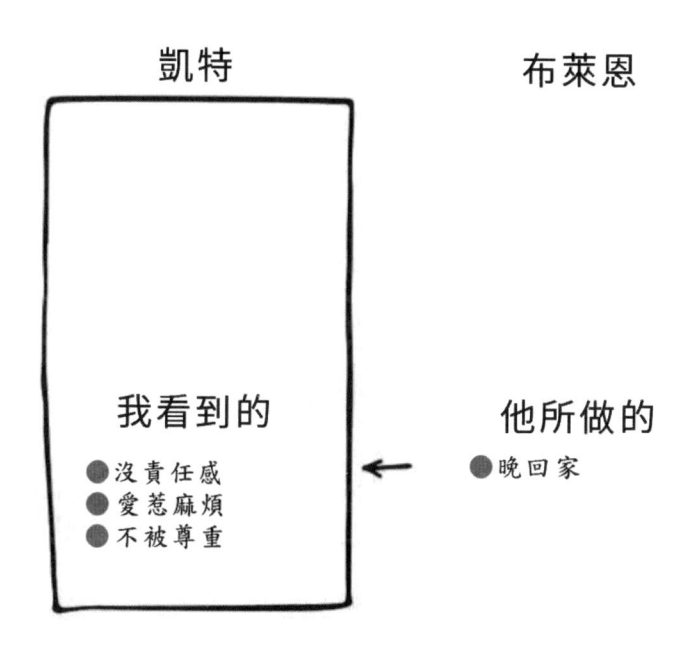

```
    凱特              布萊恩
┌──────────┐
│          │
│          │
│          │
│          │
│          │
│ 我看到的   │    他所做的
│ ●沒責任感  │ ←  ●晚回家
│ ●愛惹麻煩  │
│ ●不被尊重  │
└──────────┘
```

「我們想一下這個例子。假如我在框框裡，看到布萊恩沒責任感、愛惹麻煩，又不尊重我，你們認為我可能會怎麼做？」

「呃……」我準備要講。

「妳可能會嚴厲處罰他。」巴德插話進來說。

我點點頭，接著說：「妳也可能會開始一直罵他。」

「講得好。」凱特說的同時，繼續在圖上加了字。「還

有呢?」

「妳也可能會開始一直盯著他,好讓他不會再惹麻煩。」我說。

她在圖上加了這一點,然後站到一旁。

「現在我們假設布萊恩自我背叛了——他對我也是在框框裡。如果他對我的態度是在框框裡,你認為他會怎麼看我處罰他、罵他,或是盯著他的行為?」

「他可能會覺得妳很霸道,」我說:「或是冷酷無情。」

「而且事情很多。」巴德添了這一點。

「好,『霸道』、『冷酷無情』、『事情很多』,」她一邊重複一邊加到圖上。「好的,」她說:「我們看一下寫了些什麼。」

「如果布萊恩在框框裡,他覺得我冷酷無情,而且事情很多又很霸道,你認為他會想早點回家,還是晚一點?」

「喔,當然是晚回家,」我說:「而且是很晚。」

「事實上,」巴德提出看法說:「他更不會按照妳想要

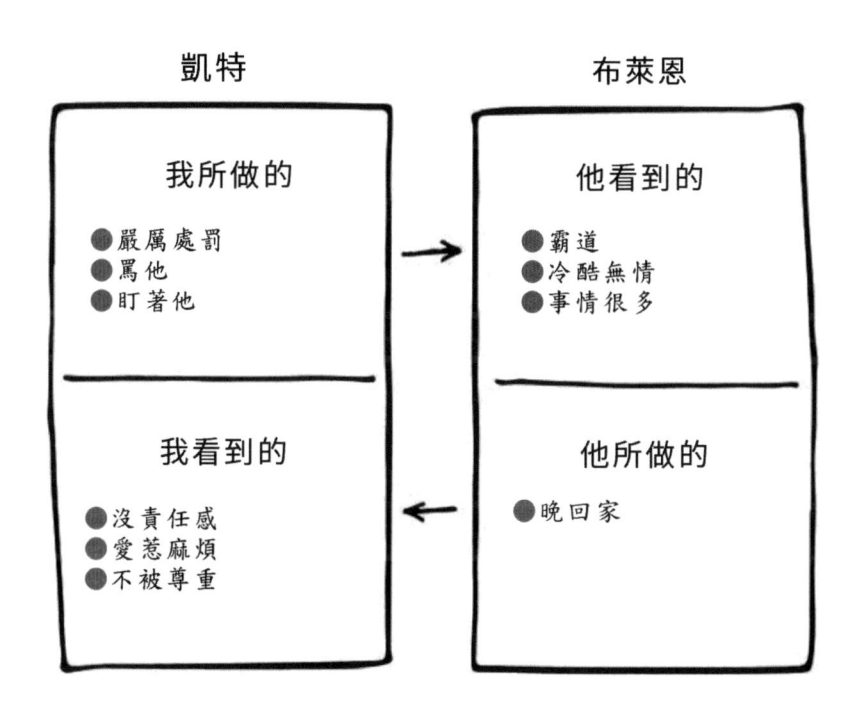

```
            凱特                          布萊恩

    ┌─────────────────┐        ┌─────────────────┐
    │    我所做的      │        │    他看到的      │
    │                 │        │                 │
    │ ● 嚴厲處罰       │───────▶│ ● 霸道          │
    │ ● 罵他           │        │ ● 冷酷無情       │
    │ ● 盯著他         │        │ ● 事情很多       │
    │─────────────────│        │─────────────────│
    │    我看到的      │        │    他所做的      │
    │                 │        │                 │
    │ ● 沒責任感       │◀───────│ ● 晚回家        │
    │ ● 愛惹麻煩       │        │                 │
    │ ● 不被尊重       │        │                 │
    └─────────────────┘        └─────────────────┘
```

的方式做任何事。」

「沒錯。」凱特也同意,並且在布萊恩的框框和她自己的之間加上一個箭號。「所以就這樣一直循環下去。」她說的同時又在兩個框框之間加了更多的箭號。「想想看:我們是在互相刺激對方,做更多我們討厭別人做的事。」

「嗯,湯姆,想一想,」巴德說:「假如你問凱特,在這種情況下她最最想要的事,你認為她會怎麼講?」

「她會想要布萊恩更有責任感、少惹一點麻煩之類的。」

「正確,可是凱特在框框裡做的有沒有效果?有沒有促成她講的最想要的事呢?」

我看著圖。「沒有。事實上,她看起來製造了更多自己不想要的事。」

「這就對了。」巴德也同意,他說:「她讓布萊恩做出了更多她討厭的行為。」

這些話讓我想到陶德,他也經常做一些我不想看到的事。我又看了看圖。從另一方面來說,凱特在這個例子裡的角色很奇怪,因為她看起來像是在抱怨這些行為,不過另一方面,她應該怎麼做呢?就讓自己的兒子晚歸嗎?

「不過凱特做的,不就是任何父母在這種情況下都會做的嗎?」我問。「有時候你得糾正或處罰子女,讓他們做自己該做的事,不是嗎?」

「那麼你覺得我在框框裡,有讓布萊恩早一點回家了嗎?」凱特回答。

「呃，沒有，」我說：「但是……」

「即使批評的人是在框框外，我們也很難接受這種批評，對吧？」凱特打斷了我。「然而如果批評是來自框框內的人——我們能接受那些批評的機率又有多少呢？」

「我懂了，應該也聽不太進去。」

「那麼你認為我在這種情況下，什麼時候管他比較合適，也會更有效？」她問：「是我在框框裡，誇大別人的缺點，還是在框框外的時候，可以用坦然的態度來看別人呢？」

我點點頭說：「當你在框框外的時候。」

「湯姆，所以你會發現，當我在框框裡的時候，到頭來是讓自己做的每一件事產生反效果——例如在這個例子裡，即使布萊恩真的需要管一管，由於我的人在框框裡，也讓我想要布萊恩所做的改變，變得幾乎不可能。問題不僅僅是框框讓我講的起不了作用，而且把我做的變得完全毫無用處。因為卡在框框裡，最後我只是弄出更多自己抱怨的事，以及其他討厭的行為，就像巴德指出來的，我討厭的地方不只多

而已，而且還越來越多。」

「但是聽起來很誇張。」我想了一下，然後這樣說出口。「為什麼你——或是有人——要這麼做？為何我們要持續這種惡性循環呢？」

凱特停頓了一會，顯然在整理她的思緒。「湯姆，我想這個問題的答案，是我的框框需要這種情況持續下去。」

「蛤？」我想都沒想就說。這答案對我來說沒有道理。

凱特微笑著。「我知道，聽起來很沒有道理，對吧？誰會想讓自己待在一個別人一直對他不好、甚至是對他很糟糕的環境？誰想要這樣呢？」

「對啊，」我也附和著說：「誰想要這樣？」

「湯姆，答案是我會這麼做，你會，巴德也會，在傑格魯的每一位同仁都會。不論什麼時候，當我們的人在框框裡，會有一種需要，需要別人做出不好的行為來配合，儘管這些行為會讓我們的生活更加困擾，然而我們的框框卻助長著更多這類的行為。」

「怎麼會呢？是什麼原因？」我問。

「要回答這些問題，我可以告訴你一些布萊恩大概在一年前發生的狀況。有個星期五的晚上，布萊恩問我他可不可以用車，我不想借他，於是我訂了一個不合理，而且限制時間作為條件，他得在那之前回家——那個時間我不認為他能接受。『好，你可以用，』我還沾沾自喜地笑著說：『不過你只能在十點半之前回家。』『沒問題，媽。』他說完便從架子上拿走了鑰匙。『一定會。』然後碰關上門就外出了。」

「我坐在沙發，心裡覺得壓力很大，也發誓下次決不再把車借他用。我整個晚上的心情都是這樣，心裡面越想，就越對自己這個不負責任的兒子感到抓狂。

我還記得那時我在看晚上十點的新聞，不過心裡一直想著布萊恩。我老公史帝夫也在家，當我們兩個正在抱怨布萊恩的時候，聽見車道上傳來尖銳的煞車聲，我看了一下錶，正好是10點29分。你知道後來怎樣嗎？」

我正專注聽著。

「當我看到時間的那一刻，覺得非常失望。」

「現在想一下這件事，」她稍微停了一下接著說：「那個晚上，我會跟你說我最想要的，是布萊恩要有責任感，遵守自己講過的，讓人可以信賴。不過當他真的有責任感，真的做到自己講過的，證明了自己可以讓人信賴的時候，我會高興嗎？」

「不會。」我搖搖頭，一邊想著這個問題。「你可能還是會覺得不愉快吧？說不定還會因為尖銳的煞車聲而罵他。」

「我得慚愧地承認，我做的事剛好相反。」凱特回應著。「當他進門後——別忘了他有準時回家——我沒謝謝他，也沒因而高興，或跟他打招呼，而是用很酸的口氣跟他講；『真的是好險，對吧？』」

凱特坐下來。「注意喔，即使當他真的有責任感的時候，我也不讓他有責任感。」她停了一下，接著說：「我還是會想讓他看起來有錯。」

想到了我兒子，突然覺得坐立不安。

「我可能會跟你們講，當時我想要的，是希望孩子能有

責任感,不過,湯姆,那真的是我心裡最想要的嗎?」她問。

我搖著頭說:「聽起來不像。」

「沒有錯,」她說:「當我的人在框框裡,會有一件比自己認為最需要的還重要的事,你覺得會是什麼?我在框框裡最需要的是什麼?」

我嘴巴重複著問題。我的人在框框裡最需要什麼?我需要什麼?我也不確定。

凱特靠向我。「當我的人在框框裡,最需要的,就是覺得自己的行為很合理。這種合理化就是框框的食物來源,也是框框得以存在的原因。如果我已經花了一整個晚上,甚至比那還要長的時間來怪我兒子,那麼我需要我兒子怎麼做,才能讓我覺得自己的行為『很合理』,認為自己的行為很『對』呢?」

「妳需要他做錯事。」我講得慢慢的,感覺喉嚨打了結。「為了把妳對他的責備合理化,妳需要他做錯事被罵。」

當下我回想起16年前，護士把小嬰兒交給我，小嬰兒一雙懵懂的眼睛看著我的臉。對於他出生時會是什麼樣子，我完全沒有心理準備。他的身軀有點腫、體型怪怪的、皮膚是灰白色，樣子看起來很好笑，而我是他爸爸。

幾乎從那一天起，我就開始怪陶德，怪他不夠聰明，怪他動作不夠協調，總是擋到別人。從他進學校開始，就經常出現狀況，我也不記得有哪一次，當別人知道他是我兒子時，我是為他感到驕傲的。他就是不夠好。

凱特的故事嚇了我一大跳。我問自己，如果父親總是認為自己的兒子不夠好，當兒子的會是什麼樣的感覺呢？如果凱特講的對，那麼我讓他看起來永遠不夠好就有道理。我需要他看起來就是有問題，才能把我經常將他當成是個問題的行為合理化。我心中感到很難過，試著不去想陶德。

「你講的一點也沒錯。」我聽見凱特說。「我花了一整個晚上痛罵布萊恩是如何的讓我失望，我需要他真的讓我失望，才能把我痛罵他的行為合理化。」

我們坐了一會兒思考這件事。

最後，巴德打破沉默。「湯姆，凱特的故事提到了一個讓人驚訝的重點，也就是說，當我的人在框框裡，我需要別人給我添麻煩——我事實上需要出現問題。」

聽起來很不可思議，不過卻是事實。

巴德從椅子上起身。「記得你早上問我，職場上可不可能一直都在框框外嗎？你說，如果一直在框框外，根本就忍受不了，不可能把人一直當作人看。」

「嗯，我記得。」

「然後我們也談到這個問題是如何誤導我們的，因為人的態度——不管什麼事，是可『軟』可『硬』的——你不是在框框內，就是在框框外，記得吧！」

「記得。」

「好，現在我們就你的問題多談一點，這個問題非常重要。我們想一下凱特剛剛講的提到了什麼，可以這樣想：誰需要被惹毛——在框框裡的人，還是框框外的？」

「框框裡的人。」我說的同時，也嚇了一跳。

「沒錯。在框框外，我被惹毛的話一點好處也沒有，不

需要這麼做。此外，我通常不會讓別人惹毛我，另一方面，在框框裡，當我被惹毛時可以得到我最需要的：我的行為被合理化。我得到了證明，他（她）就是因為跟我之前罵的時候一樣糟糕，才惹我發脾氣。」

「但是在框框裡的時候，你並不是真的想被惹毛，對吧？」我問。「我是說，這有點奇怪。凱特的故事讓我想起我兒子陶德。我跟蘿拉有時候會覺得被惹得很毛，但是我們沒有人真的想這樣。」

「那倒是真的。」巴德回答說：「並不是說我們在框框裡的時候喜歡出現問題，剛好相反的是，我們其實討厭出現問題。人在框框裡時，似乎沒有什麼比能夠跳到框框外，拋開問題還要重要的。不過別忘了，當卡在框框裡的時候，會讓我們自我欺騙——無法看清別人和自己實際的樣子，而其中一個影響，便是框框本身破壞了我們的一切努力，讓我們離本來自認為想得到的越來越遠。」

巴德走向白板。「再思考一下凱特的故事。」他指著圖。「注意到她在框框裡責罵布萊恩，是怎麼導致他沒責任

感的,然後當他真的沒有責任感時,她又將它當成是正當理由,把自己罵他沒責任感的行為合理化!同樣地,布萊恩也抱怨凱特一直對他這樣,而當她真的一直唸他罵他的時候,他也將它當成是正當藉口,把自己對她的抱怨合理化!意思無非就是,兩個人在框框裡,雙方都在升高對彼此抱怨的問題。」

「湯姆,事實上,」凱特補充說:「布萊恩和我都給了彼此藉口,讓自我合理化如此完美,好像我們講好互相串通的一樣,彷彿在對彼此講:『聽著,我會折磨你,那麼你就可以把自己表現出來的差勁行為怪在我身上,然後你也要折磨我,我便可以把自己表現出來的差勁行為怪在你身上。』當然,我們之間從來沒有講過那種話,或甚至是想過那樣子的事。但我們互相惹毛對方和自我合理化的行為,看起來配合得天衣無縫,就像講好的一樣。因此,當兩個或更多人對彼此都是在框框裡的時候,共通點在於都會自我背叛,通常我們把它稱為『共犯結構』(collusion,或稱『互相串通』)。當我們開始互相串通之際,實際上便會把自己套在

互相折磨的惡性循環裡！」

「我們會這樣做，」巴德跳進來說：「倒不是因為我們喜歡被折磨，而是因為我們在框框裡，而這個框框賴以維持的，正是我們被折磨後產生的自我合理化。所以，待在框框裡特別諷刺的是：不管我如何不爽地抱怨某個人對我的行為非常糟糕，造成我如何如何的麻煩，我卻也很奇怪地樂在其中。我證明了別人就像我之前講的一樣該罵——而我就像自己講的，很無辜。我所抱怨的行為，正是讓我把自己的行為合理化的藉口。」

巴德把雙手放在桌上，身體靠向我。「所以單單是在框框裡，」他慢條斯理也很認真地說：「我就會惹對方做一些我所討厭的事，然後對方也會惹我做一些他們所討厭我的事。」

巴德轉過身，在自我背叛的原則裡加了另一句：

自我背叛

1. 自己心裡原本覺得應該對別人做些什麼，實際上卻沒

這麼做，這種行為稱為「自我背叛」。

2. 在自我背叛後，我開始用把自己行為合理化的想法來看事情。

3. 當我用自圓其說的角度來看事情時，我對事實的看法便被扭曲了。

4. 所以——當我自我背叛時，自己便掉進了框框。

5. 隨著時間，有些框框變成我的特質，我也帶著它們一起跑。

6. 我的人在框框裡，也會導致別人進到他們的框框裡。

7. 在框框裡，我們會互相折磨對方，彼此將自己的行為合理化。我們形成了共犯結構，為的是讓彼此都能繼續待在框框裡。

「一旦在框框裡，」巴德一邊說，一邊從白板退回：「我們會找理由讓對方繼續待在框框裡。之所以會這麼做，不僅僅是想直接折磨對方，而是我們也可能會開始跟別人講這個人的不是或八卦。我們能找到越多的人認同我們講的一

面之詞，就越能相信我們自己的作為很合理。舉個例子，我可能會找我老婆一起加入怪我兒子的行列，或我可能會講講誰的八卦，為的是在公司裡找到跟我站在同一陣線的人，可以對付另一個人或部門，諸如此類。不管是在家還是公司，框框都會想擴大，為的是匯聚更多合理化的理由。而就每個折磨對方的行為而言，不論直接或間接，我們給了彼此更多自我合理化的理由，可以繼續留在框框裡。事實就是這麼殘酷。」

我癱在椅子上，突然為我的兒子感到心痛。

「湯姆，你聽我說。」巴德說的同時坐了下來。「想一下自我背叛，還有目前為止我們談到解釋自己騙自己的相關問題——自己看不到自己才是有問題的人。首先是，當我在框框裡的時候，我會想到誰有問題？」

「別人。」

「然而當我在框框裡時，事實上是誰有問題？」

「是你有問題。」我回答說。

「但是我的框框刺激了別人做出什麼事？」他問。

「它刺激大家對你做出差勁的事。」

「沒錯。換句話說，我的框框刺激了別人製造出更多的問題，也讓我得以證明，自己並不是有問題的人。」

「嗯，沒錯。」我也同意。

「所以如果有人試著改正他們看到在我身上的問題時，我會怎麼做？」

「你會抗拒他們。」

「一點都沒錯，」他說：「當出現問題時，我不會認為是在我身上，會認為是別人的問題。」他停了一下，然後接著說：「所以現在問題來了：那又怎樣呢？」

那又怎樣呢？我自己重複著問題。「你講『那又怎樣呢』是什麼意思？」

「我的意思就是，」巴德回我說：「為何我們在傑格魯要這麼在意這些？這跟我們在工作上有什麼關係呢？」

7　待在框框裡的焦點

「跟工作上每個地方都有關係。」我講的同時,也對自己的意見這麼肯定而感到驚訝。

「怎麼說?」巴德問。

「怎麼說呢?」我回答。

巴德在等我的答案。

「呃,首先,」我說:「就我所能看到的,在工作上幾乎每個人都在框框裡,至少在特崔克斯差不多每個人都是如此。」

「然後呢?」

「然後呢?」我很驚訝地重複著問題。

「沒錯,然後呢?」他說。

「這個,假如我們在框框裡,也會讓別人同樣待在框框裡,最後的結果是產生各種的矛盾,妨礙我們想完成的

事。」

「什麼是想完成的事？」巴德問。

我猶豫了一下，不確定巴德指的意思。

「你只是講產生各種的矛盾，會妨礙我們想完成的事。」巴德接著說：「所以我的問題是，我們想完成的是什麼事？」

「我在想，是工作上更有效率。」

「啊，」巴德說的時候，彷彿已經聽到他想找的答案。「所以框框妨礙了我們想達到的結果。」

「對。」我同意。

「我們想想看為什麼會有這種情形。」他說：「事實上，框框妨礙我們想達到的結果有兩個主要原因。第一，是凱特剛剛教我們的，在框框裡的時候，刺激我們最多的，便是能找到自我合理化的理由，讓我們自己自我合理化的結果，便是時常會和那些對於組織有正面影響的事相互衝突。這麼講合理嗎？」

我點點頭，思考著他這樣的講法不管指的是組織或公

司,還是家庭,都真的如此。

「在傑格魯,我們用『焦點在哪』(what-focus)這個名詞,來描述某一件同仁正在專注完成的事。在框框外,我對工作上的焦點會是結果(results),而人在框框裡,相反的,我的焦點則變成了自我合理化(justification)。這就是為何在框框裡經常會妨礙結果產生的第一個原因。」

有道理。「第二個原因是什麼?」我問。

「這跟我在框框裡時的『焦點是誰』(who-focus)有關。」巴德回答說。

「你在框框裡的時候,焦點在你自己,不是嗎?」我說。

「湯姆,完全沒錯。而且只要我的焦點是在自己身上,就沒辦法完全專注在不管是結果,還是在那些我想讓他們達成結果的人。如果你想想,很多人典型上會說自己是看結果(results-focused),其實剛好相反。」在框框裡的時候,他們會重視結果的主要原因,是為了製造或維持自己的光環——他們的焦點是在自己。你可以從一個地方發現,他們通

常不會覺得別人做出來的成果比自己做的重要。想想看——大多數的人對於組織中其他人的成就，幾乎不會比自己成功的時候感到同樣的高興，所以想壓過別人，為的是只讓自己得到結果——結果造成了破壞性的影響。他們可能會捶胸頓足，不斷說自己的焦點完全放在結果上，但這全是假的。在框框裡，他們就像其他每個人，焦點只放在自己身上，而正因為待在框框裡，所以也跟其他人一樣，看不到這個問題。

「情況甚至還更糟。」凱特補充說：「記得嗎，因為人在框框裡，也會刺激別人進到框框裡——雙方都進了框框，而且還相互對立。舉例來說，我們和自己站在同一邊的人隱瞞了某些訊息，讓其他人也有理由如法炮製。我們會想要控制別人，結果引來更多的排斥，因而讓我們覺得有必要加強控制。又例如我們保留了一些可以給別人的資源，對方也就跟著覺得有些資源要對我們有所保留。而我們也會怪別人做事情拖拖拉拉，結果給了對方自我合理化的理由，拖拖拉拉的情形越來越嚴重，類似的例子還有很多。

透過這種講法，我們經常會認為如果張三不這麼做，李

四不這麼做,或是把某某部門好好整頓一下,或者是只要公司能把問題理出頭緒,所有的問題就能迎刃而解。但這也是假的。這是假話的原因是,如果張三、李四、某某部門和公司真的需要改進,他們一定會去做的。因為我在責怪他們的時候,不是因為他們需要改進而怪他們,而是因為他們的缺點能讓我自己沒改進的行為合理化。」

「所以,」她接著說:「如果組織裡某個人是在框框裡,沒把焦點放在結果上,就會導致他(她)的同事也跟著沒把焦點放在結果上。這種上下交相賊、互相串通(collusion)的情形會傳開,而且範圍很廣,其造成的結果是同仁之間的對立,工作小組之間的對立,以及部門之間的對立。這些人原本應該一起讓組織邁向成功的,到後來,卻變成看到對方失敗而感到高興,對別人的成功也覺得忿忿不平。」

「那真的太誇張,」我很詫異地說:「不過你剛剛講的內容我懂了。特崔克斯裡到處充斥著這種情形。」

「嗯,你想想看,」巴德問:「你什麼時候最開心——

是查克‧史德立做得好的時候,還是他凸槌的時候?」

這個問題讓我措手不及。我原本的意思是,我總是看到其他人這樣。至於史德立,他真的是個問題,我並非空穴來風,而且他製造出各種問題——同事之間的不合、讓團隊缺乏合作等等。「我,呃,我⋯⋯我不知道耶。」我講得支支吾吾。

「嗯,你可以想一下。之前談到細菌的例子裡,按照別人生了病並不代表我沒生病的事實,當我周圍有生病的人的時候,其實自己也生病的機率本來就會高得多。」

他停下來,看了我一會。「記得塞麥爾維斯嗎?」

我點點頭。「那位發現婦科產房死亡率偏高原因的醫生?」

「對。在他的例子裡,正是醫生們自己——那些把焦點放在別人生病和出現問題的人——其實是病菌的傳播者。於是,產褥熱和相關的症狀就這樣不受控制地四處傳播,讓一個又一個的產婦受害。這全都是因為一種沒有人知道的細菌——特別是那些傳播它的人。」

巴德站了起來,走向白板。「在組織裡面發生的也很類似,我跟你講一下我的意思。」

8　框框造成的問題

「還記得我在舊金山的經驗嗎?」巴德問。

「嗯。」

「記得我在那裡遇到的問題嗎?我是如何不夠專注、不夠投入,讓別人很難做事的?」

「嗯,我記得。」

巴德把寫在自我背叛那個圖下面的所有字擦掉,然後寫了以下內容:

不夠專注

不夠投入

製造問題

「好,這些是我在舊金山時所犯的幾個問題。」他一邊

說一邊從白板退開。「我的『症狀』就像這些所寫的,不過看我們能不能盡量多列幾項。在組織裡通常還會出現哪些人的問題?」

「彼此不合。」我說:「缺乏動力。」

「產生壓力。」凱特補充說道。

「缺乏團隊合作。」我說。

「稍等一下。」巴德講的同時也很快寫下來。「我要把這些都寫在白板上。好,請繼續。還有嗎?」

「背後中傷別人、做事不到位、缺乏信任。」凱特說。

「欠缺責任感。」我還提出說:「態度不佳,溝通有問題。」

「好,很好。」巴德說的同時把最後幾點寫完。「這樣夠多了。現在我們來看這幾項,比較一下跟我講我沒起來照顧小朋友的那件事。」

感覺
得起床照顧大衛,讓南茜可以繼續睡

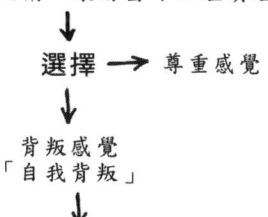

選擇 → 尊重感覺

背叛感覺
「自我背叛」

我怎麼開始看<u>自己</u>	我怎麼開始看<u>南茜</u>
● 受害者	● 很懶惰
● 非常認真工作	● 不替別人著想
● 很重要	● 不知道要感激
● 公平的	● 漠不關心
● 很關心	● 又愛假裝
● 好爸爸	● 糟糕的媽媽
● 好老公	● 糟糕的老婆

不夠專注
不夠投入
製造問題
彼此不合
缺乏動力
產生壓力
缺乏團隊合作
背後中傷別人/態度不佳
做事不到位
缺乏信任
欠缺責任感
溝通有問題

「注意這一點:我在自我背叛後,有沒有不夠專注或不夠投入的問題?」

「有。」我回答。

「但是在自我背叛前呢?在我覺得應該起身照顧大衛,讓南茜可以好好睡覺的時候,我當時有不夠專注或不夠投入的問題嗎?」

「沒有。」我說。

「那麼有沒有讓別人更難做事？當我覺得應該幫忙南茜的時候，我有沒有讓她更難做事？」

「沒有。」我回答說：「只有在你自我背叛後才這樣。」

「沒錯。那麼彼此的矛盾和壓力呢？你認為我在什麼時候的壓力會比較大——是在我覺得就是應該要幫南茜的時候，還是在自我背叛後，誇大了第二天早上要忙的事情有多重要呢？」

「喔，當然是在你自我背叛後。彼此的矛盾也是同樣的道理，你在自我背叛前並沒有和南茜有什麼矛盾的地方，只是在自我背叛之後才發生的。」

「完全正確。」巴德也贊同。「你可以逐項來看這些人的問題，就會發現只有當我在自我背叛後才會出現，而不是之前。」

巴德停了一會，讓我可以看一下所列出來的項目。接著他問：「所以這代表什麼？」

「我不確定是否懂你的意思。」

「嗯,我在自我背叛之後,才會有所有這些的人的問題,而不是在之前,所以這代表什麼?」

「代表⋯⋯喔,代表他們都是因為你自我背叛才造成的。」最後我說出口。

「湯姆,一點也沒錯。我在自我背叛之前沒有這些問題,只有在自我背叛後才出現。因此,解決自我背叛的問題,就等於解決所有這些所謂人的問題。」

巴德又停了下來,給我時間消化這個觀念,然後接著說:「記得我講的嗎?就像塞麥爾維斯的醫學發現一樣,針對自我欺騙這個問題,它的解決之道也有一種統一的理論——它能證明我們稱之為『人的問題』的各種問題,其實都來自於相同的原因。」

「嗯,我記得。」

「好,我的意思是這樣。看這裡,」他指著圖說:「這個小故事說明了發生的情形。自我背叛是造成自我欺騙這種病的細菌,而就像產褥熱一樣,自我欺騙會出現很多症狀

——從缺乏專注、不夠投入,到產生壓力、溝通出現問題等。因為這些症狀,導致組織撐不下去,或受到嚴重衝擊。會出現這樣的情況,都是因為那些帶著病菌的人不知道自己帶原。」

我研究著這個圖,思考了一下其中的含意。「不過在職場上也經常如此嗎?我是說,畢竟你舉的例子是沒有起來照顧小朋友,這跟在工作上發生的並不一樣。」

「沒錯,」他說:「你講得對,在工作上大家不會像那樣背叛自己——沒有人會不照顧自己的寶寶。不過,有很多人覺得自己應該幫忙同事的時候,卻沒這麼做,而且每次都有自我合理化的理由,就像在我的例子裡。每一次自我背叛,我們都掉進了框框,而且不論是在家、在公司,或是在賣場都一樣。自我欺騙的框框不管在哪一種情況下,本身都會導致所有相同的問題出現。」

「而且還不只如此,」他接著說:「有一種自我背叛的特殊情形,幾乎每個人在工作上某種程度都會出現,這種自我背叛攸關著公司要不要錄用你——那就是看看你是否會把

焦點放在協助公司和同仁達成想要的成果。想解決公司最困擾的人的問題,其中的關鍵便在於我們如何找到解決職場上最核心的自我背叛。」

「所以我們是怎麼做的?」我問得很急。

「呃,我們還沒有要談這個部分,會先講一些其他的觀念。不過在進入這些內容之前,或許我們可以先休息一下。」

凱特看了一下錶。「各位,恐怕我得先走了,我跟霍華・陳四點半有約。湯姆,我也不想先離開。」她說的同時,站起來向我伸出手。「真的很高興這次有時間可以跟你一起討論,也很謝謝你很認真看待這些議題。如同我之前講的,在公司裡,沒有比你現在學的還重要的事了,這也是傑格魯的策略規劃中最為重要的。在接下來的內容裡,你就會瞭解它所代表的意思。」

「你認為怎麼樣?」她轉身對巴德說:「你今晚會把基礎的部分講完嗎?」

「如果是這樣,就會講到晚一點。我得和湯姆討論一

下。」

「聽起來不錯。」凱特一邊說一邊走到門口。「對了，湯姆，」她轉頭對我說：「我離開過傑格魯一次，那時候的公司跟現在很不一樣。」

「妳為什麼離開？」我問。

「因為路・赫伯特。」

那個答案出乎我的意料。「真的嗎？我以為妳跟路的關係很好。」

「早期不是這樣。當時的路跟每個人都合不來，很多人因此離開了公司。」

「那後來妳為什麼又回來？」

「也是因為路。」她說。

我被搞混了。「什麼意思？」

「路發現這些內容——也就是你正在學的這些，讓他脫胎換骨。他變了一個人之後，公司也跟著改變。他來找我的時候，跟我道歉，也提出一項計畫。我在傑格魯工作過兩次，但感覺很像是在兩間不同的公司。你現在學的內容，包

括道歉的必要性，就像路做的，你很快會學到他所提出的計畫。就像之前講的，我們做的每一件事都是根據你現在學的內容，這也是讓公司能正常運作的原因。」

她停了一下。「湯姆，很高興你加入我們的團隊，如果不是我們相信你，你也不會在這裡。」

「謝謝。」我回答說。

「也要謝謝你，巴德。」她轉身朝他說：「你總是帶給我驚喜。」

「你在講什麼啦？」他笑著問。

「我是在講你對我們公司，還有同仁們的意義。你就像改變之後的路一樣，是傑格魯的秘密武器。」

凱特笑著朝門口走去。「不管怎麼說，謝謝你。」說著的同時她往外頭走。「還有，要繼續為紅雀隊加油——你們兩位，對，巴德，也包括你。」看到他眉頭深鎖，她又這麼說。「天知道，他們需要大家的支持。」

「哇！」凱特離開後，我不自覺地這麼說。「沒有想到她今天花了這麼多時間跟我們在一起。」

「相信我，」巴德說：「你不知道的還有呢。她的時間非常寶貴，有一大堆事情要處理，但只要時間允許，她都會過來。她之所以過來，是因為我們正在討論的，會比做其他任何事情，還要為公司創造出更多的成果。她的參與就是告訴你：『我們對這個部分很認真。假如你不是認真的，就不會在這裡待太久。』」

巴德拍拍我的背。「湯姆，對我來說也是一樣的。一直堅持在框框裡的人不會到這裡，你是這樣，我也是如此。我們都是同一個團隊的。」他笑著安慰我說。不過我心裡想到的，全是陶德和蘿拉。

「好的，湯姆。」巴德說，示意要換個主題。「我們決定一下，還要好幾個小時才能講完基礎的部分，要今天晚上講完，或是如果你可以的話，我們明天再繼續。」

我想了一下自己的行事曆。明天下午都滿了，但可以空出上午的時間。「我覺得明天早上比較好。」

「很好，那就早上八點。如果可以的話，說不定會給你一個驚喜。」

「驚喜？」

「嗯,如果我們運氣好的話。」

　　八月天的暖風吹著我的頭髮,我正開著敞篷車從長岡路往東轉到美黎特大道。我太太和小孩都是需要關心的人,或許甚至還需要我說些抱歉。雖然我不懂得如何開口,不過卻知道陶德喜歡玩車——這個我一有機會就經常會數落他的興趣,因為擔心「湯姆‧科倫的兒子」長大之後會當黑手。我也知道已經有好幾個月,蘿拉回到家後沒有準備好的晚餐可以吃。於是我決定買一些烤肉用品,也期待自己能學一兩樣改裝引擎的技術。

　　這是多年來我頭一次急著想趕快回家。

第三部份

如何跳脫「框框」

1　公司前總裁

　　時間是早上8點15分，巴德還沒來到會議室。我開始懷疑自己有沒有聽錯，這時，門突然打開，走進來一位老先生。

　　「湯姆・科倫嗎？」他說的時候會心一笑，同時伸出他的手。

　　「我是。」

　　「很高興認識你，我是路，路・赫伯特。」

　　「路・赫伯特？」我大吃一驚地說了出口。

　　我看過路的照片和一些錄影，不過他的出現如此意外，要不是他自我介紹，我絕對認不出來。

　　「是的，很抱歉讓你嚇了一跳。巴德正在趕過來的路上，他剛剛在確認跟我們下午會議有關的一些事情。」

　　我驚呆了，腦中一片空白，只能緊張得站在原地。

　　「你可能在想，我怎麼會在這裡。」他說。

「嗯,沒錯,事實上我也想這麼問。」

「巴德昨晚打給我,問我今天早上能不能參加我們的討論,他想要我講一些自己的故事。反正今天下午我本來就要來開會,所以我就過來了。」

「我不知道該怎麼說,能見到你真的是令人難以置信。我聽過許許多多關於你的事。」

「我知道,大家講得好像我已經走了,對吧?」他笑得很開心地說。

「嗯,我想有點像那樣。」我還沒弄清楚自己的話在講什麼,也跟著笑了。

「嘿,湯姆,不要客氣,坐。巴德要我可以跟你先開始,他還在路上。」他要我先坐下來。

「請。」

我坐在跟昨天下午一樣的同一張椅子,路就坐在我的對面。

「到目前為止還好嗎?」

「你指的是昨天的內容嗎?」

「對呀。」

「事實上,昨天是個驚奇之旅。非常神奇。」

「真的嗎?你講講看。」他說。

雖然跟路才碰面一兩分鐘,我的緊張卻已經消散。他親切的眼神和溫文有禮的舉止,讓我想起了十年前才過世的父親。他的現身使我感到完全的放鬆,發現自己就跟對我的父親一樣,迫不及待想跟他分享自己的想法。

「呃,」我說:「我不知道該從哪裡開始講,不過昨天學到很多,先從我的小孩開始講好了。」

接下來的15分鐘,我告訴路昨晚是至少過去五年來,我跟蘿拉和陶德過得最愉快的一晚。昨天晚上會這麼愉快只有一個原因,就是沒有什麼特別的事,我只是和他們一起享受著快樂時光。我弄了一些菜,也開懷大笑,我要孩子教我怎樣改裝車子。不知道有多久的時間,我沒有跟家人們一起享受天倫之樂,感到如此的愉快,也是好久以來,我第一次準備入睡時,對家裡的每個人沒有不爽的感覺。

「蘿拉怎麼想的?」路這麼問。

「我覺得她不知道該怎麼想，不停問我發生了什麼事，直到最後我告訴她昨天我學到的東西。」

「喔，所以你有試著教她嗎？」

「是啊，不過講得很糟，講了一兩分鐘她就完全被搞亂。什麼『框框』、『自我背叛』、『共犯結構』——我把這些觀念說得一團亂，自己也不敢相信這麼難。」

路微笑著，似乎懂我在講什麼。「我知道你的意思。你聽到有人像巴德一樣說明這些內容的時候，會認為是世界上最簡單的事，不過當你想試著自己來說明，卻很快就會發現裡頭的道理其實很微妙。」

「沒錯。我想我說明的內容，可能比他們問的製造出更多的問題。但不管怎麼說，她還是試著去理解我講的。」

路專心聽著聽著笑了，用充滿著慈祥的眼神看著我。雖然我不確定，不過我覺得看到了他的認同。

「也許你可以問一下巴德現在是不是還會這樣做，」路說：「不過在之前，我們每年有好幾場晚上的訓練活動，讓那些有興趣的家屬也來學一些觀念。對每個人來說，公司能

舉辦這種活動的意義很大。如果現在還有,我想蘿拉應該會喜歡的。」

「謝謝你跟我說,我一定會問的。」

就在這個時候,門開了,巴德走進來。

「湯姆,」他氣喘吁吁地說:「抱歉,我遲到了。我在做一些下午要跟克洛夫豪森集團開會的最後準備。跟往常一樣,時間總是不夠用。」

他放下公事包,坐在我跟路之間的主席位子開口說:「好的,湯姆,我們的運氣很好。」

「你指的是?」

「我是說路——他就是我講的驚喜。路的故事就是傑格魯如何靠這些觀念轉型的故事,如果可以的話,我想請他跟你分享這些經驗。」

「我很高興可以過來,」路很親切地說:「巴德,不過在我們進入故事之前,我想你可以聽聽湯姆昨晚經歷過的。」

「喔,好的,湯姆,不好意思,可以講講昨晚發生什麼

事了嗎?」

　　我不知道為什麼,可能是因為他是我主管,心裡只想著留給他一個好印象,所以一開始沒太多話,沒有像跟路分享的時候那樣。不過路一直引導我——『跟他講這個』、『跟他講講那些』——我才放鬆下來,告訴巴德昨晚所有的經過。大概過了十分鐘,他笑了,就跟路剛剛一樣。

　　「湯姆,很棒啊。」巴德說。「陶德昨晚的反應怎麼樣?」

　　「跟平常差不多——很安靜。基本上他回答我的問題跟以前一樣——通常只有『是』、『不是』、『不知道』。不過昨天晚上我不是很在意,要是以前,我早就發飆了。」

　　「這也讓我想起我兒子。」路說。他停了一下,看著窗外,望著遠方,好像從遙遠的過去看到了些什麼。「傑格魯鹹魚翻身的故事要從他講起。」

2 框框裡的領導方式

「我的小兒子柯瑞今年40歲了。他以前是個問題少年，吸毒、酗酒——你講得出來的，他都做過。到最後在高三那年，他因為販毒被逮捕。

起初我不想承認這件事，因為赫伯特家族的人沒有吸毒的，更別說是販毒——簡直不可思議。我到處想辦法，希望能證明他的清白。這不會是真的，不會是我兒子，於是我要求走完審判程序。我們的律師不建議這麼做，地方檢察官則提出認罪協商，只要拘役30天，但是我不接受。我說：『如果我兒子去坐牢，我會很丟臉。』，所以官司就繼續進行。

但我們輸掉了，結果柯瑞在橋港市的青少年收容所待了一年。對我來說，這是一件讓家族丟盡顏面的事，我那年只去看過他兩次。

在他回到家後，我們很少講話，我也很少過問他的事，

就算問了，他也只是小小聲的簡單回答我。之後他交到壞朋友，不到三個月的時間，又因為偷竊而遭到逮捕。

我想低調處理這件事，不過這次我不認為他是無辜的，於是設法能達成認罪協商，內容包括60天的野外求生訓練，地點在亞利桑那州的高山上。五天後，我帶著柯瑞上飛機，從紐約的甘迺迪機場飛到鳳凰城，讓他可以接受『矯正』。

我跟我太太卡蘿載他到訓練營的總部，看著他和一起參加訓練的其他孩子上了廂型車，車子開往亞利桑那中部偏東的山區。之後有人帶我們到會議室，參加一項為期兩天的課程，我期待自己可以在課程中學到他們如何讓我的兒子改邪歸正。

不過我學到的卻不是這樣。我學到的是，不管我的兒子有怎樣的問題，我也同樣需要矯正。我所學到的改變了我的一生。但是一開始，我很排斥他們講的每一件事：『什麼？你說我？』我表達抗議：『我又沒有吸毒，又不是我在高三那年大部分的時間被關，我也不是小偷。我很有責任感——受人尊敬，甚至是公司裡的總裁。』可是慢慢地，我看到了

這些為自己辯白背後的謊言。我只能說在既痛苦又充滿希望的心情下，自己發現到一件事，就是多年以來，我對自己的老婆和孩子們一直處於框框裡。」

「在框框裡？」我小聲地問，聲音小到幾乎聽不見。

「沒錯，在框框裡。」路回答說：「我在亞利桑那的第一天，就學到你昨天學的。在那個時候——差不多是我兒子可能剛下車，看著四周與世隔絕的荒野，心裡想著未來兩個月即將要待在這的同時——也是這麼多年來，我第一次心中有如此強烈的感覺，想要緊緊抱著他。他的內心一定會覺得有多麼孤單和丟臉，而我還在一旁火上加油！他前幾個小時——前幾個月，甚至可能前幾年——跟他爸在一起的時候，總是一直被罵，而當下我能做的，只是強忍著淚水。

不過糟糕的還不只如此。那一天，我才明白我的框框帶走的不只是我的兒子，也帶走了我公司裡最重要的人員。兩周前，公司管理團隊裡的六位成員中，有五位因為想找『更好的機會』而離職，公司裡的同仁稱之為『三月危機』。」

「裡面有凱特嗎？」我問。

「有。凱特也是其中之一。」

路凝視著遠方,很顯然在思緒中想到了什麼。「現在回想起來,都還是讓人覺得不可思議。」最後他說:「我覺得他們背叛了我,就像我覺得被柯瑞背叛一樣。他們真該下地獄,我這麼告訴自己,他們統統該下地獄。」

「我下定決心,」接著他又說:「沒有他們,我也要把傑格魯打造為成功的企業。反正他們沒有那麼棒,我這麼告訴自己。他們大多數的人在我從約翰・傑格魯手中把公司買過來的時候,已經在這待了六年左右,而當時公司的狀況基本上是跌跌撞撞。假如他們真的夠棒,當時我們的公司應該會更好,至少我認為是這樣。他們統統該下地獄。」

不過事實並非如此。或許現在我們可以做得更好,但那樣子講仍然還是不對——因為在庸庸碌碌的同時,我對自己所該扮演的角色完全盲目。也因此,不是他們的錯我卻責怪他們,殊不知其實是我自己的問題,然而對於這種情形我竟視而不見,就像其他人一樣,我看不見自己的框框。

但是在亞利桑那,我的視野重現光明。我看到自己身為

領導者，佩服自己的想法，卻自以為是容不下別人的意見；看到自己身為領導者，自認為『有智慧』，卻得從負面的角度來看同仁，才能證明自己的確有智慧；又看到自己身為領導者，致力做到最好，所以不讓別人能做到跟我一樣好。」

路停了一下。「湯姆，你學了共犯結構的觀念，對吧？」

「你是說兩個或更多的人都在框框裡互相對待彼此嗎？學到了。」

「好，帶著自我合理化的形象會跟我說，我很聰明、很有智慧、是最棒的，於是你就能想像我會造成怎麼樣上下交相賊、互相串通的情形。在框框裡，我就像是一間製造藉口的工廠──幫自己，也幫別人找藉口。公司裡任何同仁需要幫自己自我背叛的行為找藉口，找我就對了，我有的藉口多得像自助餐的菜色一樣。

舉個例子，我就沒發現到，自己對自己的團隊表現越覺得負責，反而會讓他們覺得越不受信任，接著他們便開始排斥各種做法。有的人選擇放棄，把該動腦筋的部分留給我，

另一些則是公然不甩我，用自己的方式做事，還有一些其他的人，乾脆離開公司。所有的這些反應越發使我相信，公司裡這些人就是因為能力不足才會這樣，於是我回應的做法是，擬出更詳細的規定，制定出更多的政策和流程之類的。而這些人只會覺得我對他們更不尊重，所以更加排斥我。就像這樣，不停地循環下去——我們每個人都在把對方推進框框裡，也因為這麼做，才能給彼此都有自我合理化的藉口，可以繼續待在框框裡。上下交相賊的情形在公司裡到處可見，我們簡直亂成一團。」

「就像塞麥爾維斯一樣。」我很驚訝地小小聲說。

「喔，所以巴德跟你講過塞麥爾維斯了？」路問的同時看著巴德，接著把頭轉向我。

「是的。」我說的時候跟巴德同時點頭。

「嗯，那很好。」路接著說：「塞麥爾維斯的故事是在比喻上很有趣的類似案例。事實上，我在公司也算殘害過自己的人。我們公司之前的人員流動率跟維也納醫院的死亡率有得拚，我所傳播的疾病，便是一直在責怪別人。我讓他們

感染了，然後還怪他們為什麼得到這種病。公司的組織圖就像是一個上下交相賊、大家互相串通好了的框框。如同我講的，我們亂成一團。

但是我在亞利桑那學到的，就是亂的人其實是我。因為我的人在框框裡，我自己鼓勵大家製造我所抱怨的問題。我把遇過最好的人才都趕走了――而且還覺得做得沒錯，也因為我在框框裡，我說服了自己，他們並沒有那麼好。」

他停頓了一會兒。「即使是凱特。」他一邊說一邊搖著頭。「沒看過有人比凱特還要有才華，不過我當時看不到這一點，因為我在框框裡。

於是當我坐在亞利桑那的會議室裡，我發現了自己的問題。旁邊坐的是我老婆，過去25年來，我一直認為她做什麼都是理所當然。當時我的兒子在100英里外的荒郊野外，然而在他近期所能想到對自己父親的印象裡，不只是痛苦，而是更痛苦。至於我的公司內部一盤散沙――最棒和最優秀的人才紛紛出走，更換職場的新跑道。我好孤單啊，我的框框把我在意的東西都給毀了。

在那當下,對我來說只有一個問題比其他的都來得重要:我怎麼做才有可能跳出框框?」

路停了下來,我則是在等著他繼續講。

「所以你怎麼做?」最後我插了話說:「你怎麼跳出框框的?」

「你已經知道了啊。」

3 準備跳出框框

「我已經知道了？」我回想著昨天講過的內容，很確定我們並沒有提到。

「沒錯。當我在想怎麼跳出框框的時候，就已經知道答案了。」路說。

「蛤？」我當時真的呆掉了。

「想想看，」路回答說：「當我坐在那，後悔自己對老婆、小孩，還有同仁們的所作所為時，他們對我來說是什麼？我當時把他們當作人看待，還是物體？」

「當時他們對你來說是人。」我說著說著又想到了其他的事。

「對，我怪東怪西，忿忿不平，還有對人漠不關心的感覺全消逝了。我好像看到他們就在那裡一樣，也很後悔自己以前沒對他們那個樣子。所以在那個當下，我的人在哪？」

「你在框框外。」我講得很慢,幾乎好像被催眠了一樣,也試著找出是什麼原因造成這種改變。我的感覺很像是在看魔術表演的觀眾,看到兔子變出來,卻不知道牠是從哪裡來的。

　　「一點也沒錯。」路表示贊同。「在那一刻,我有很強烈的渴望為他們跳出框框,我就已經跳出框框了。能感受到為了他們的那種渴望,其實我就已經在框框外了。」

　　「這對你來說也一樣,湯姆。」他接著說:「想想昨晚你跟家人們在一起的時候。昨晚他們對你而言是什麼?你把他們看成是人,還是物體呢?」

　　「把他們看成是人呀。」我說的時候驚覺到這個發現。

　　「所以假如你昨晚已經在框框外,」路說:「那麼你就已經知道怎麼跳出框框外了。」

　　「但是我不知道啊!」我表示不同的意見。「我不清楚這怎麼發生的。事實上,要不是你提醒我,我甚至不知道自己已經在框框外。我講不出是怎麼跳出來的。」

　　「你可以的。其實你也已經講了。」

「什麼意思？」我完全被搞糊塗了。

「我是說，你跟我們講了昨晚發生的事，還有你的體驗，以及回到家後跟家人們在一起的情形。這些過程就已經教了我們如何能跳出框框。」

「不過那就是我的重點，我不知道怎麼跳出來的。」

「那也是我的重點：你已經知道怎樣跳出框框了，只是還沒有發現，不過你會瞭解的。」

那樣講讓我稍微好一點，不過也只是好一點而已。

「你想想看，」路說：「『我怎麼跳出框框？』其實是兩個問題。第一個問題是：『我怎麼跳出去？』，第二個問題則是：『我在跳出去之後怎麼留在框框外？』。我想，你真正擔心的問題是第二個——怎麼留在外面。想一下這個部分，我想再次強調：當你覺得想為某個人跳出框框的時候，在那當下你已經跳出來了。會有這種感覺，是因為你現在已經把他（她）當成是人來看。對那個人有這樣的感覺，就表示你已經在框框外了。因此在那一刻——就像你現在，或是昨天晚上的感覺一樣——當你很清楚看到，也感覺到想為別

人跳出框框外，你其實是在問自己：『我要怎麼做才能為別人留在框框外？我要怎麼做，才能維持現在感受到的這種改變？』這才是問題的重點。一旦跳出了框框，想留在框框外，其實有很多非常明確的事是我們可以做的——尤其是在職場上，為了達到我們的目的。」

　　路在講的同時，我才開始瞭解他的意思。「好的，我現在聽懂想為某個人留在框框外的感覺是怎樣，就是在我把他（她）當成是人的那一刻，有這種感覺的同時，我對那個人就已經是在框框之外。我明白了。同時我也瞭解到一旦我在框框外，接下來的問題就是如何保持在外面——這個部分是我絕對感興趣的，特別是運用在工作上。不過，我還是對於最開始是怎麼跳出來的摸不著頭緒——我對蘿拉和陶德的不爽，是如何在突然之間消失的。說不定只是我昨晚的運氣很好。如果運氣不好的時候，我也想知道怎樣能讓自己跳出來。」

　　「有道理。」路說著站了起來。「在巴德的協助下，我會盡量說明我們一開始是怎麼跳出框框的。」

4 進退兩難

「首先，」路接著說道：「這對於瞭解為何我們跳不出框框很有幫助。」

他在白板上寫了字，「在框框裡做什麼一點用也沒有？」然後轉向我，他說：「想一想我們人在框框裡的時候，會試著做什麼？例如，在框框裡時，你會覺得問題是出在誰身上？」

「在別人身上。」我回答說。

「沒有錯，」他說：「所以我們在框框裡，通常會花一大堆的精力試著改變別人。但是有用嗎？有讓我們跳出框框嗎？」

「沒有。」

「為什麼沒有呢？」他問我。

「因為這就是一開始的問題。」我說：「我會想試著改

變別人,是因為我在框框裡的時候,認為他們就是需要有所改變。」

「不過那樣講的意思,是沒有人需要做些改變嗎?」路問。「然後每個人就會把事情做得好好的?你講的意思是這樣——沒有人需要有所改進嗎?」

他問我的時候,我覺得自己好像有點傻。別這樣,科倫,我告訴自己,快想一想啊!我講得太不仔細。「不是,當然不是這樣。每個人都有改進的空間。」

「所以為什麼不是只有別人呢?」他說:「如果我要某人改進,有什麼不對嗎?」

好問題。那有什麼不對嗎?我問著自己。我認為那就是要講的重點,不過這時候我又不是那麼確定了。「我並不確定。」我說。

「呃,可以用這個方式來想。儘管問題很可能是出在別人身上,他們需要有所改進沒有錯,不過我會在框框裡的原因,是因為他們的問題嗎?」

「不是的,是你在框框裡的時候這麼認為的,這是一種

誤解。」

「沒錯。」路說：「所以即使我成功了，某個我想改變的人也真的變了，那會解決我的人還在框框裡的問題嗎？」

「不會，我覺得應該不會。」

「這就對了，那並不會改變你人還在框框裡的問題——即使別人真的有所改變。」

「更糟糕的是，」巴德插話說：「想想我們昨天談到有關互相串通的內容——當我在框框裡試著改變別人，我能不能讓他們按照我所想的而有所改變？」

「不能。」我說：「到頭來你只會讓他們更反感。」

「完全正確。」巴德說：「我所在的框框，到頭來只會讓我想改變的地方更糟糕。因此，如果我想靠試著讓別人改變而跳出框框，最後只會引來別人給我繼續待在框框裡的理由。」

「所以說，試著改變別人沒有用。」路講的同時，轉身到白板寫了以下的內容：

在框框裡做什麼沒有用

1. 試著改變別人。

「如果我盡力設法解決別人的問題呢?」路一邊說,一邊把身體轉過來。「那樣做有用嗎?」

「我認為不見得,」我說:「我基本上會那樣做,不過那並不會讓我跳出框框。」

「沒有錯,那樣做沒用。」路同意我講的。「有個很簡單的理由。『設法解決』跟試著改變別人有著相同的缺點:只是讓你可以繼續怪罪於別人的另一種方式,讓你在自己的框框裡傳達別人的過錯,並且把對方拉進去他們自己的框框裡。」

他轉向白板,把『設法解決』這一項加到做什麼沒有用的表中。

在框框裡做什麼沒有用

1. 試著改變別人。

2. 盡力設法解決別人的問題。

「那這個呢？」巴德在路寫白板的同時補充說：「直接閃人，這樣有用嗎？這麼做會讓我跳出框框嗎？」

「有可能。」我說：「好像有時候可以這樣。」

「嗯，我們想想看，當我在框框裡的時候，會認為問題出在哪？」

「在別人身上。」我說。

「對。不過我在框框裡時，問題其實是出在哪？」

「在我自己。」

「沒錯。所以假如我直接閃人，什麼東西會跟著我？」他問。

「問題會跟著我。」我點頭小聲說。

「這就對了，」巴德說：「在框框裡，直接閃人只是另一種怪罪別人的方式，只不過是讓框框可以繼續存在下去，我仍然是帶著自認為自己有道理的感覺走。或許在某些特殊的情況下，直接閃人是正確的做法，不過即使那樣做沒錯，

單純避掉當下出現的狀況絕對是不夠的。到最後,我也還是必須跳出自己的框框。」

「是啊,有道理。」我說。

「好,我把它加上去。」路說。

在框框裡做什麼沒有用

1. 試著改變別人。
2. 盡力設法解決別人的問題。
3. 直接閃人。

「還有一點可以想想看。」路說:「溝通呢?溝通有沒有幫助?會不會讓我跳出框框呢?」

「好像有用。」我說:「我的意思是,如果你不進行溝通,就什麼都沒有。」

「好,」路說:「我們仔細想想這一點。」他看著白板。「這是誰跟自我背叛有關的經驗——巴德,是你的嗎?」

「是我的。」巴德點點頭。

「喔,沒錯,我看到南茜的名字了。」路說。「好的,我們想一下。湯姆,聽聽看巴德的例子。在他自我背叛後,是這樣看南茜的——懶惰、不替別人著想、不知道要感激等等。現在問題來了,假如當時他試著和南茜溝通,他是在框框裡喔,會想怎麼溝通?」

「喔。」我說的時候,才驚覺其中的含意。「他會傳達出自己對她的感覺——也就是說,覺得她糟糕透頂。」

「一點也沒錯,而那樣做有幫助嗎?當巴德在框框裡的時候,告訴他老婆自己覺得她有多麼的糟,這樣會幫他跳出框框嗎?」

「不會。」我說:「但如果他講的方式比那樣稍微圓融一點呢?我的意思是,多用一點技巧,他或許可以溝通得更婉轉些,而不是直接說出口,把脾氣發出來。」

「那倒是。」路也同意。「不過別忘了,如果巴德是在框框裡,那麼他的態度就是在怪別人。或許他可以學一些技巧,改善他的溝通方式,不過你覺得這些技巧會蓋掉他的怒

火嗎？」

「可能不會，」我說：「至少不會完全蓋掉。」

「我好像也覺得這樣。」路也認同。「在框框裡，不論我是不是個善於溝通的人，最後所傳達的，是我的框框——而那便是問題的原因。」

他轉身把「溝通」這一項加到表中。

在框框裡做什麼沒有用

1. 試著改變別人。
2. 盡力設法解決別人的問題。
3. 直接閃人。
4. 溝通。

「事實上，」他退開白板說道：「關於技巧這一點，可以運用在所有得用到技巧的地方，不只是講溝通的技巧。你可以從這個角度來想：不管人家教我怎樣的技巧，運用的時候，我不是在框框內，就是在框框外。現在衍伸一個問題：

在框框內運用這個技巧,會不會把你帶出框框外呢?」

「不會。」我說:「我想應該不會。」

「這也就是為什麼非技術領域的技巧訓練,它的效果通常無法維持太久的原因。」路說:「即使是很有用的技巧或技術,如果運用的時候是在框框內,也發揮不了效果,只會引來大家更多的抱怨。」

「湯姆,你要記住,」巴德補充說:「大多數的人想靠著技巧來改善人的問題,他們欠缺的其實不是技巧,而是因為自我背叛。人的問題看起來很難處理,並不是因為問題無法解決,是因為用的這些技巧對於問題來說,並非解決之道。」

「一點也沒錯。」路同意說道:「所以,」他轉身邊寫邊講:「單純靠運用新的技巧或技術,並沒有辦法幫我們跳出框框。」

在框框裡做什麼沒有用

1. 試著改變別人。

2. 盡力設法解決別人的問題。

3. 直接閃人。

4. 溝通。

5. 運用新的技巧或技術。

我看著白板，突然覺得很洩氣。心裡在想，那剩下的還有什麼方法？

「還有一項可能的做法我們應該考慮看看。」巴德說：「那就是：如果我試著改變自己——改變自己的行為呢？那樣做能讓我跳出框框嗎？」

「看起來那樣做是唯一可以讓你跳出去的方法。」我回答說。

「這一點很複雜，但也非常重要。」巴德站起來，開始來回踱步。「我們回想一下昨天講過的幾個故事……記不記得我跟你講在6號樓，蓋比和里昂兩個人的情形？」

我努力回想著。「我不確定。」

「蓋比試了各種方法，想讓里昂知道他關心他。」

「喔，對，我想起來了。」

「嗯，」他接著說：「蓋比大幅度改變了自己對里昂的行為，可是有用嗎？」

「沒有。」

「這是為什麼？」

「就我記得的，是因為蓋比並沒有真正關心里昂，里昂也清楚這一點，儘管蓋比做了那麼多外在的改變。」

「沒錯。因為蓋比面對里昂時是在框框裡，所以他在自己的框框裡嘗試所做的每個改變，也只不過是在框框裡的改變。儘管做了這麼多努力，里昂對他來說還是一樣是物體。」

「你想想這個狀況，」巴德強調說：「或是想一下我跟南茜吵架的那件事，我嘗試道歉，想趕快結束爭吵。記得嗎？」

我點點頭說：「記得。」

「都是同樣的道理。」他坐下來接著講：「在這個例子裡，我自己有很大的轉變：我從一開始的爭吵到去親她。但

是,這樣的轉變有讓我跳出框框嗎?」

「沒有,因為你不是真的想道歉。」我回答說:「你還是在框框裡面。」

「這就是重點。」巴德把身體靠向我。「因為我在框框裡,自己就不會真的想道歉。在框框裡的時候,每一種我想到的改變方式,只是讓我換個姿勢繼續待在框框裡所做的改變。我可以從跟她吵變成去親她,我可以從把某個人不看在眼裡,變成對他關心有加。但是在框框裡,不論我想到怎樣的轉變,都是我從框框裡所想到的方式,因此它們只不過是另類的框框——而框框本身就是我最開始的問題。其他人對我來說,都依然還是物體。」

「講得沒錯。」路說的時候走近白板。「湯姆,你想想其中的含意。只是改變自己的行為,是沒辦法讓我離開框框的。」

在框框裡做什麼沒有用

1. 試著改變別人。

2. 盡力設法解決別人的問題。

3. 直接閃人。

4. 溝通。

5. 運用新的技巧或技術。

6. 改變自己的行為。

「不過等一下，」我說：「你們是在講，如果我試著改變別人、盡力設法解決別人的問題、直接閃人、進行溝通，或運用新的技巧或技術，都是沒辦法讓我離開框框的。然後又說，就算我改變了自己，也同樣無法離開框框嗎？」

「這麼說好了，如果你持續把焦點放在自己身上，便無法離開框框——指的是，你在框框裡試著改變自己的行為，只不過是把焦點繼續放在自己身上。所以沒有錯，我們講的就是這個意思。」他不疾不徐地回答我。

「那麼到底我們要怎樣做才能離開框框？我的意思是，假如你們講的都沒錯，那不是沒有方法可以離開框框了嗎？我們不就一直困在裡面。」

「其實，」路說：「你這樣講不是很對，是有一種方法可以離開框框的，不過跟一般人想的不一樣，而且你已經知道是哪種方法，就像我之前跟你講的，只不過你還沒發現自己知道而已。」

我專心聽著，也想知道到底是什麼。

「你昨晚和家人在一起的時候，不是已經在框框外了嗎？」

「我想是這樣沒錯。」

「嗯，從你講的過程聽起來，你應該是在框框外。」路說：「那就表示有方法能離開框框。所以我們思考一下你昨晚的經驗，你昨天晚上有試著改變你老婆和小孩嗎？」

「沒有。」

「你有覺得是在『設法解決』他們的問題嗎？」

「也沒有。」

「很明顯你也沒有直接閃人。那麼溝通呢？你是因為溝通才跳出框框外的嗎？」

「這個，可能是吧，我們溝通得還不錯——很久以來沒

這麼好好溝通過了。」

「好，」路同意說道：「不過你是因為溝通之後才跳出框框，還是因為跳出了框框才好好溝通的？」

「我想一下。」我在說的同時覺得有點搞混了。「我是已經在框框外──在回家路上，我就已經在框框外了。我覺得，不是因為溝通才讓我跳出框框的。」

「好，那最後這一點呢？」路指著白板上的清單說：「你是因為把焦點放在自己身上，還是試著改變自己的行為才跳出框框的嗎？」

我坐在那裡想。自己昨晚發生了什麼事？昨天整個晚上的氣氛都很棒，不過我突然之間不知道為什麼會這樣，我好像被外星人綁架了一樣。我有企圖改變自己嗎？印象中沒有。感覺上比較像是有些東西改變了我，至少我不記得企圖做些什麼改變。事實上，如果真的要說有，就是在整個過程中，我一直都在排斥自己要有所改變的想法。所以究竟發生了什麼事？我是怎麼跳出框框的？為何我的感覺變得不一樣了？

「我也不確定。」最後我說:「不過我不記得試著改變自己。不知怎麼搞的,我最後就是變得不一樣了——很像是有些東西改變了我。只是我對於是怎麼發生的,一點頭緒也沒有。」

「下面要講的,或許可以幫你想出答案。」巴德說:「記得昨天我們講過,在框框內和框框外的分別,是比行為還要深入的層面嗎?」

「嗯,我記得。」我說。

「同時我們講過飛機上的故事,畫了圖表示其中的行為,也提到我們做出的行為,幾乎都有兩種方式——不是在框框外,就是在框框內,記得嗎?」

「記得。」

「所以你想想看:如果在框框內和框框外的分別,是比行為層面還要更深入的東西,你覺得行為會是我們跳出框框的關鍵嗎?」

我開始瞭解他的意思。「不是,我想不會是行為。」我講的同時,突然感覺有希望了,這種思維可帶我找到答案。

「沒錯。」巴德說：「你在瞭解自己是怎麼跳出框框的同時，會覺得想不出來的其中一個原因，便在於你是在確認哪種行為讓你跳出去的。但是因為框框本身比行為這個層面還要深，因此，要跳出框框的方法也會比單純的行為還深入。幾乎所有的行為都能在框框內或框框外為之，所以能帶我們跳出框框的東西，就不只是行為而已。你從行為中來找，就找錯地方了。」

「換句話說，」路插了話說：「『我需要怎麼做才能離開框框？』這樣問基本上有個問題。問題在於，我告訴你該怎麼做的時候，你不是在框框內，就是在框框外。假如你在框框內做，『在框框內』的行為不可能帶你跳出去。於是你就會認為：『好，那答案就是在框框外產生這些行為』。這樣想是很合理，可是如果你已經在框框外了，就不需要任何行為帶你跳出框框。所以不論是哪一種情況，行為都不是讓你跳出框框的原因，而是有其他的東西。」

「不過是什麼呢？」我好像在拜託他。

「就在你面前啊。」

5 | 跳出去的方法

「想想昨天,」路接著說道:「你剛剛說,感覺很像是有什麼東西改變了你。我們稍微仔細想想看。」

他向前走到了白板說:「我想講一下自我背叛和框框——釐清我們可能還沒弄清楚的部分。」他在白板畫了下面的圖。

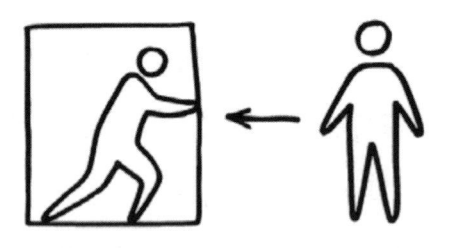

「首先,這是一張表示在框框裡生活的圖,」他一邊畫一邊說:「框框是一種比喻,意思是我如何排斥別人。講到『排斥』,我指的是自我背叛並非被動的行為。在框框裡,

我會主動排斥別人要我幫他們的地方。

「舉例來說，」他指著白板上巴德的例子說：「在巴德的故事中，他沒有起身讓南茜可以繼續睡，一開始他的感覺是，有個想法他應該幫南茜做點什麼。不過在他排斥了他應該為南茜做點什麼的感覺後，便自我背叛了。而且為了排斥那種感覺，他開始把焦點放在自己身上，並且認為南茜不值得幫忙。他的『自我欺騙』——他的『框框』——就是藉由自己對南茜的主動排斥，所產生出來也得以延續的東西，這也是為何框框會這麼堅固的原因。就像巴德剛剛提到的，把焦點放在自己身上，卻想跳出框框的意思。在框框裡，我們想到的，或感覺到的每一件事，都是框框這個謊言的一部份。事實是，唯有我們在停止排斥框框外的人，那一刻我們才會有所改變。這說得通吧？」

「嗯，我覺得是這樣。」

「在停止排斥別人的那一刻，我們便跳出框框了——擺脫掉自我合理化的想法與感覺。這就是為什麼跳出框框的方法就在我們眼前的原因——因為我們排斥的人就在自己眼

前。面對他們,我們得停止自我背叛——得停止排斥他們基於人性,想要我們幫忙的感覺。」

「不過有什麼能幫我做到這點?」我問。

路若有所思地看著我。「還有一件事,是你對自我背叛得具備的認知——或許可以對你在找的答案有幫助。想想看你昨天跟巴德和凱特討論的經驗,你會想怎麼描述?你會認為自己面對他們的時候,基本上是在框框內,還是框框外呢?」

「喔。當然是在外面。」我說:「至少是大部分的時間。」我加了這句,同時給了巴德一個不好意思的微笑,他也笑著回應我。

「不過你也講,昨天對蘿拉的時候是在框框裡。所以你會覺得自己同時在框框內,又在框框外——對蘿拉是在框框內,而對巴德跟凱特則是在框框外。」

「是啊,我想是這樣。」

「湯姆,這一點很重要。任何時刻面對某個人或某些人的團體,我不是在框框內,就是在框框外。但因為我的生活

周圍有太多人了——面對某些人，我可能會比對其他人還常在框框內，這代表的重要意義是，我可以同時在框框內，又在框框外。對有些人是在框框內，而對其他人則在框框外。」

「這個簡單的道理，可以讓我們在生活中覺得可能面臨進退兩難的時候，能事半功倍地跳出框框。事實上，這就跟你昨天發生的事一樣，我來說明我講的意思。」

路走向白板，改了一下他剛剛畫的圖。

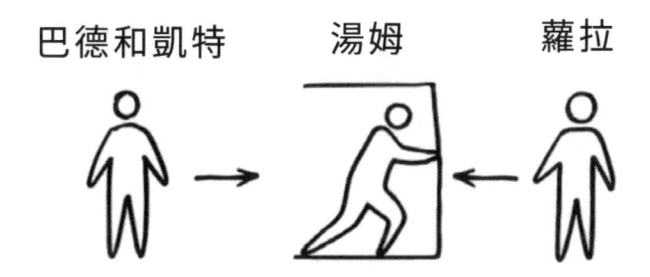

「從我們的角度來看，這是你昨天的樣子。」他站到白板旁邊說。「對於蘿拉，你是在框框內，但面對巴德和凱特的時候，卻是在框框外。現在聽仔細了：雖然因為你對她是在框框內，所以排斥她需要幫忙的需求，不過你還保有一種

我們人通常都可能需要協助的感覺，因為你對於其他人是在框框外——好比對於巴德和凱特。你感受到了這份對巴德和凱特的感覺，加上蘿拉基於人之常情，應該會需要幫忙的聲音一直對你連續呼喊——那種聲音是經常存在的——就會讓你在面對蘿拉時，也有可能可以跳出框框。

「所以，雖然不管在框框裡想什麼、做什麼都無法讓我們跳出框框並沒錯，不過事實是，我們也幾乎經常是同時在框框內和框框外的，只不過是方向不同。這也意味，我們經常有能力可以發現某種觀點，找到引領我們跳出框框的方法。這也是昨天巴德和凱特為你做的——他們提供你框框外的環境，讓你能用新的視野好好想想自己在框框內的關係。藉由你跟巴德和凱特互動的過程，你已經可以想出一些能幫你減少在框框內的時間，改善在框框裡的關係。其實，在你面對巴德和凱特是用框框外心態的同時，你做了一件特別的事，也幫你在面對蘿拉時跳出了框框。」

我內心思索著答案。「我做了什麼？」

「你在懷疑自己的優點。」

「我怎麼了？」

「你在懷疑自己的優點。當你在框框外的時候，仔細聽了巴德和凱特教你人在框框內的事，然後把它運用在自己個人的生活上。你在面對巴德和凱特時得到框框外的經驗，讓你做出一些之前在框框內不會做的事——讓你懷疑自己是不是在生活中的其他方面也是在框框外。而你所學到從框框外看事情的優點，也改變了你對蘿拉的看法。」

「儘管改變可能不是馬上就發生，」他接著說：「不過我敢打賭，這種觀點會在某一刻湧入——在那一刻，你對蘿拉抱怨的情緒像是蒸發了一樣，突然間她對你來說像是跟之前完全不同的人。」

發生的事情的確是這樣，我心裡想著。我記得那一刻——在我看見自己勃然大怒背後暗藏著的虛偽，在那一刻，好像一切在突然之間都改變了。「真的沒錯。」我說：「發生的事情就是這樣。」

「那麼我們就得再改一下這張圖。」路說著同時，再次轉身白板。畫完之後，他退開並且說：「這是你昨天晚上離

開框框後的樣子。」

巴德和凱特　　湯姆　　蘿拉

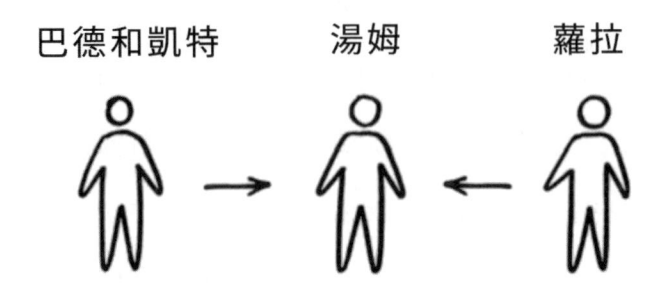

「你會開始用坦然的角度來看事情，去體會其他人。當你面對蘿拉跳出框框的那一刻，她像是變了一個完全不同的人，而你也不再需要怪她，或是誇大她的缺點。」

路坐了下來。「在某種意義上，」他說：「這是令人相當驚訝的一件事。不過從另一個角度來說，這也是世界上最普通的一件事，因為它一直在我們的生活當中發生——通常都是那些小到我們很快就忘記的事。我們所有人，面對別人其實都是既在框框外，又在框框內的。只要我們能找到更多自己從框框外看事情的優點，就更能看見我們在框框內抱持著自我合理化的想法。突然之間，因為看見那些站在我們面前的人，也因為我們知道自己對別人是在框框外，那個框框

就會被人性所瓦解，這裡講的人性，正是我們自己之前一直排斥的。當出現這種情形時，我們會知道自己在那一刻需要怎麼做：需要把別人也同樣當成是人來看。而在我把對方也當成是人看待的那一刻，就會知道他有需求、有期待的事，也有煩惱的地方，跟我自己會碰到的是一樣的，那個時候我對他就是在框框外了。對我來說，接下來還有一個問題，就是我要不要繼續待在框框外。」

「你可以這樣想。」巴德插話進來。「再看一下這個故事，」他指著自己孩子在哭的那張圖說：「當我又有一種感覺想幫別人的時候，我是在圖上的哪裡？」

我看著白板。「你在最上面——回到感覺的部分。」

「完全正確。我回到了框框外，現在我便可以選擇另一種方式，選擇重視那種感覺，而不是背叛它。湯姆，關於這一點——落實我所找回來的，自己能怎麼幫忙別人的這種感覺——便是我們可以留在框框外的關鍵。找回這種感覺，我就是在框框外了；選擇重視這種感覺，而非背叛它，就等於選擇留在框框外。」

「其實，湯姆，」路補充說道：「我敢說昨天你離開這裡的時候，心裡面有種感覺，覺得昨晚應該對某些人做些什麼事，對吧？」

「沒錯。」我說。

「而你也做了，對不對？」路問。

「是啊，我的確做了。」

「這就是為何你昨晚會感受到的情形。」他說：「面對蘿拉和陶德，你跳出了框框，就發生在你跟巴德和凱特討論的那段期間。而昨晚你之所以這麼愉快，是因為藉著幫你家人做些自己覺得該做的事，選擇繼續留在框框外。」

路所講的，似乎解釋了昨天晚上我跟蘿拉和陶德會這麼愉快的原因。不過我還是覺得有點疑惑，也對發生的情況有些不解。我們怎麼可能會期望自己一直有一種感覺，要幫別人做完每一件我們認為該幫忙的事情呢？這聽起來不太對。

「你是說，為了繼續留在框框外，我得一直經常幫別人做些事？」

路笑了。「那是個重要的問題，我們得好好想想——可

能需要舉個特別的例子。」他停頓了一會兒。「想想我們開車的時候,你對路上其他的駕駛人,自己正常的態度是什麼?」

我自己也笑了,回想著開車上下班的經驗。我記得曾經對某位駕駛人揮著拳頭,因為他不減速讓我切進去,直到我硬切之後,這才發現,那個人是我的鄰居。我也記得曾狠狠瞪過一台龜速車的駕駛,超車之後自己又嚇了一大跳,發現開車的竟然是同一位鄰居。「我想我對他們十分冷淡。」我咯咯笑著,無法克制自己也認為很好笑的感覺。「當然了,除非他們擋到我。」

「聽起來我們上的是同一個駕訓班。」路調侃我說:「不過你知道嗎?有時候我對其他駕駛人會有很不一樣的感覺。例如有時我會想,路上開車的這些人就跟我一樣忙,跟我一樣忙著處理他(她)生活裡的事。而這些時候,當我面對他們時是跳出框框的,其他駕駛人對我而言就會變得很不一樣。在某種程度上,我覺得自己可以理解他們,能認同他們,雖然我對他們一無所知。」

「嗯，」我點點頭說：「我也有過這種經驗。」

「很好，所以你懂我講的意思。心裡記住這種經驗，我們來想想你提的問題。你很擔心為了留在框框外，自己得幫別人做每一件你所想到的事，而這似乎已經超過我們的能力範圍，如果不是一味地蠻幹的話，對吧？」

「沒錯，這是一種講法。」

「好，」路說：「我們得仔細想一下，是不是你在框框外，就會製造出一大堆你所擔心超過我們能力範圍的事。我們先來看開車的例子。首先，想想那些開在你很前面，或很後面車裡的人，如果我在框框外，我的外在行為有沒有可能對他們產生很大的影響？」

「不，我想應該不會。」

「那對於離我比較近的駕駛人呢？」

「有可能。」

「好，怎麼說呢？我有做出什麼不一樣的事嗎？」

我想起從後照鏡看到我鄰居的情形。「你可能比較不會想插隊。」

「好，還有嗎？」

「你可能會開得比較小心，也更會想到別人。誰知道呢？」我補充說著的同時，想到當時自己凶巴巴瞪著的人竟然是我鄰居。「可能還會有更多的笑容。」

「好的，夠多了。現在聽仔細——這些行為上的改變，有讓你覺得超過能力範圍或變成負擔嗎？」

「呃，不會呀。」

「那麼在我們舉的這個例子裡，我在框框外把別人當成是人來看，並不表示自己突然增加了一些責任要負擔。單純就是我在開車、買東西，或在做其他事情的時候，把別人看成是人，也體認到他們是人而已。」

「在其他的例子裡，」他接著說道：「跳出框框或許意味著我對跟自己不一樣的人放棄偏見——例如不同種族、不同信仰，或不同文化的人。當我把別人當作人來看待，而非物體時，自己就比較不會對他們指指點點，對他們會更有禮貌，也多了幾分尊重。重複一下我所問的，這樣的改變對你有造成負擔嗎？」

我搖搖頭。「剛好相反，這樣讓我覺得更輕鬆。」

「對我來講也是如此，」路說：「不過我還要補充一點。」他把身體往前，雙手交叉放在桌上。「有時候，我們會有特別的感覺，想幫別人做點什麼事，特別是跟我們比較常在一起的人——比方說家人、朋友，或是同事。我們跟這些人比較熟，清楚他們的期望、需求、在乎和擔心的地方，當然，也更有可能會錯怪他們。而這些種種都增加了自己覺得對他們有更多的責任，就像我們應該做的一樣。」

「好，就像我們之前講過的，為了繼續留在框框外，我們尊重自己在框框外那種應該幫其他人做點事的感覺就成為關鍵。然而，很重要的一點是，這並不是講我們最後得把想到的事全都做完的意思。因為我們有自己的責任和需求得注意，而且可能也幫不了別人那麼多，也不是在一想到的時候就幫得上忙。在這種情形之下，我們不必怪他們，或是把自己的行為合理化，因為我們仍然把他們當成是自己想要幫助的人來看待，即使當時幫不上忙，或是沒用到自己認為最理想的方式來幫他。就當時的情況而言，我們已經盡了最大的

努力。或許沒有那麼理想，不過我們已經盡力了——因為我們有想要幫忙的心。」

路看著我說：「你已經學到自我合理化的形象了，對吧？」

「是的。」

「那麼你應該瞭解我們在框框裡活得沒有安全感的情形，經常想盡辦法要自我合理化——例如，會認為自己已經設想得很周到，很有價值，或地位很高。像這樣，總是想表現優點也會讓我們自己受不了。事實上，當我們覺得受不了，通常不是對別人有責任的時候，而是我們在框框內，如何想盡辦法想替自己證明些什麼的時候才覺得受不了。假如你回顧自己的人生，我想你會發現情況就是如此——你在框框內可能已經覺得撐不住、責任太大，或是負擔好重，大於你在框框外的時候。一開始，或許你可以比較一下昨天晚上跟之前的感覺。」

我心裡想，那倒是真的。昨晚——是很久以來我第一次真的想幫蘿拉和陶德做點什麼——也是我不知道有多久沒有

享受過這麼輕鬆的夜晚。

路停了一會兒,而這時巴德問道:「湯姆,這個講法有幫你回答到問題嗎?」

「有,很有幫助。」然後我對路笑了。「謝謝你。」

路也對我點點頭,坐回他的位子上,表情看起來很滿意。他望著我背後的窗外,巴德和我都在等他開口。

「好多年前,那時我坐在亞利桑那的會議室裡參加課程,」最後他說:「學到了你從巴德和凱特身上學到的東西,在那之後,我的框框便開始逐漸消失。我非常後悔為何會對公司裡的同仁那樣,而在我覺得後悔的那一刻,我對他們便已經跳出了框框。」

「傑格魯的未來要靠的,」他接著說:「就在於我能不能繼續留在框框外。不過我很清楚,要留在外面,有一些事是我必須做的,而且是得趕快做。」

6　在框框外發揮領導力

「為了發現我必須做哪些事，」路從椅子上起身說：「你得瞭解自己自我背叛的本質是什麼。」他開始在桌子旁邊走來走去。「我想，自我背叛的類型很多，不過就在我思考在亞利桑那學到了哪些東西的同時，我發現自己在工作上的自我背叛，主要有一種類型。而在那之後，我們發現到，幾乎每個人工作時都是用相同的基本方式自我背叛。所以我們在公司所做的每一件事，在規劃時都是以協助同仁避免自我背叛，並且可以跳到框框外為目的。我們在這方面的努力做得很成功，也是公司能在市場上發光發熱的關鍵。」

「那麼到底是什麼？」我問。

「嗯，我問你。」路說：「我們努力工作的目的是什麼？」

「為的是可以一起達到成果。」我回答。

路停了一下。「很棒。」他覺得我的回答蠻好的。

「其實,巴德昨天有提到這部分。」我不好意思地說。

「喔,你們已經講過職場上最基本的自我背叛了嗎?」他看著巴德問。

「還沒,我們講到在框框裡便無法真正聚焦在成果上,因為大家只會把焦點放在自己身上。」巴德說:「不過我們還沒有進一步談。」

「知道了。」路回應。「那麼,湯姆,你加入我們團隊多久了——一個月左右嗎?」

「沒錯。」

「跟我講講你怎麼進來傑格魯的。」

我跟路和巴德講了我在特崔克斯時的主要工作內容,也說自己很久以前就嚮往傑格魯,以及我在面試過程的一些細節。

「說說看你被通知錄取時,當時內心的感覺。」

「喔,我欣喜若狂。」

「你進公司的前一天,對於即將見到的新同事,是不是

抱著良好的感覺?」路問我。

「沒錯。」我回答說:「我迫不及待想開始上班。」

「你是不是覺得他們會幫你?」

「是啊,一定的。」

「那麼當你想到自己會在傑格魯扮演的角色,以及如何做好這份工作的同時,你的願景是什麼?」

「呃,我希望自己能認真工作,盡最大的努力幫傑格魯成功。」我回答說。

「好,」路說:「這是你說在到職前,覺得應該盡最大努力幫傑格魯和同事成功——或是你剛剛講的,可以達到成果。」

「是的。」我回答說。

路走到白板前。「巴德,你介不介意?」他指著巴德畫自己孩子在哭的那張圖說:「我可以改一下嗎?」

「沒有問題,請便。」巴德說。

路把圖修改了一下,然後轉過來看著我。

「湯姆,注意了,」他說:「大多數的人開始做一份新

工作時，他們的感覺都跟你很像。對於能被錄取，以及可以有這個機會都覺得非常感激。他們想盡最大的努力——為自己的公司和同事打拼。」

「可是如果一年後再問同樣的人，」他說：「他們的感覺通常變得不一樣了，對許多同事的感覺，常常就像巴德在他的例子裡對南茜的感覺一樣。而你也經常會發現，原本那些很專注、很投入、很積極、期待跟大家像團隊一樣共事的人，現在卻在這些方面都出現了問題。你認為那些人會覺得是誰造成了這些問題？」

「是公司裡的其他人。」我回答說：「主管、同事，還有部屬——甚至可以講，是公司。」

「對。不過現在我們瞭解的地方更多了。」他說：「當我們責怪別人時，其實責怪的原因是我們自己，而不是別人。」

「然而情況經常是這樣嗎？」我問：「我的意思是，在特崔克斯的時候，我的主管很糟糕，弄出各種問題。不過現在我知道為什麼了——他在框框裡陷得很深，沒有好好對待

部門裡的每個人。」

「沒有錯。」路說。「在傑格魯不管我們多麼努力強調這一點，你在公司還是會碰到對你不好的人。可是看一下這張圖，」他指著白板說：「這位同仁怪自己的同事，是因為他們對他做了什麼事嗎？或是你用另一個方式來想：我們掉

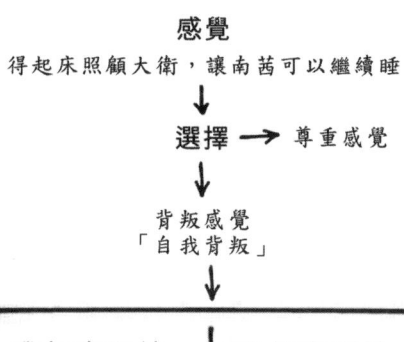

```
            感覺
  得起床照顧大衛，讓南茜可以繼續睡
              ↓
          選擇 → 尊重感覺
              ↓
           背叛感覺
          「自我背叛」
              ↓
```

我怎麼開始 看**自己**	我怎麼開始 看**同事**
●受害者	●很懶惰
●非常認真工作	●不替別人著想
●很重要	●不知道要感激
●公平的	●漠不關心
●很關心	●又愛假裝
●好主管	●糟糕的主管
●好員工	●糟糕的員工

不夠專注
不夠投入
製造問題
彼此不合
缺乏動力
產生壓力
缺乏團隊合作
背後中傷別人／態度不佳
做事不到位
缺乏信任
欠缺責任感
溝通有問題

進了框框,是因為其他人在他們自己的框框裡嗎?那是讓我們掉進框框的原因嗎?」

「不是。」我說:「我們是因為自我背叛才掉進框框的。這個道理我懂,不過我想我的問題在於,是不是有可能人不在框框裡,卻也會責怪別人呢?」

路很專心地看著我。「你能舉出例子,我們討論看看嗎?」

「沒問題,」我說:「我還在想我之前在特崔克斯的主管,我覺得一直以來我都還在怪他。不過我的重點是,他真的很可惡,問題真的很大。」

路坐了下來。「我們來想想,」他說:「你覺得有沒有可能不在框框內,就確認出某個人的問題很大,然後還在怪是他的錯呢?」

「嗯,我覺得可以。」我回答說。

「你是不是覺得我甚至可以講某件事是誰的責任——例如,如果真的是因為某個人造成了問題?」路問。

「你應該可以,不過似乎你跟巴德還有凱特講的,是人

在框框外的時候做不出那樣的事。」

「那麼我們講得還不夠清楚。」路回應說:「其實人到了框框外之後,讓我們可以找到或釐清責任在哪,原因是,他的視野沒被框框遮蔽。比方說,他不會為了自己逃避責任,把責任歸咎於別人。」正因為他不會把責任歸到別人身上,所以在釐清責任的時候,不會讓人覺得是在針對個人,或產生防禦心。甚至還能講,在這種情況下釐清責任,其實是在協助某人。然而,如果是為了推卸自己的責任而歸咎於別人,就是完全不同的狀況了。後者講的這種行為,就是我們所說的『責怪』,而責怪別人正是我們待在框框裡會做的事,而非客觀地釐清責任。要知道我們責怪別人的時候,不是在幫別人,而是在幫自己。

「湯姆,這讓我們回到你的問題上。你在前一個工作時,當你想著自己以前的主管有多混蛋,那時你是試著幫他,還是對他的這些評論只是用來幫你自己?」

我突然覺得自己的底牌被掀開,很像說謊被公然揭穿。

「或許這麼問吧,」路接著說:「你對之前主管充滿責

怪所講的一切，是不是為了幫他變得更好呢？」

「應該不是！」我小小聲說。

「應該？」路問。

我不知道該怎麼說。的確如此，在我責怪的言語之中，並沒有跳出框框的意圖，我自己很清楚這一點。多年以來，對於查克我都是在框框裡面，不過正因為我自我合理化的需求，暴露出我自我背叛的行為。路讓我坦然面對自己說的謊。

巴德開口了。「湯姆，我知道你在想什麼。你認為自己運氣不好，跟經常在框框裡的人共事，是很倒楣的經驗。在那種情況下，很容易就會掉進框框，因為要自我合理化太簡單了——那個人真的太混蛋！可是你要記得，一旦我的回應也是進到框框裡，其實我就需要那個人繼續當個混蛋，我才能把繼續罵他這麼可惡，當成是自我合理化的理由。我對他不用做任何事，只要讓他待在框框裡，就能讓他繼續保持那樣。我抱怨的地方，也會繼續讓他做出我所抱怨的事，因為在框框裡，我就是需要問題出現。」

「這樣會不會比較好，」他接著說：「能辨別出別人的框框，而不先怪他們為什麼在框框裡呢？畢竟，我知道掉進框框會是什麼樣子，因為我有的時候也在裡面。在框框外面了，我就會瞭解在裡面的情形。所以我跳出框框後，我不需要，也不必鼓勵他變成混蛋，其實就能使這種情形減緩不少，而不是讓它繼續惡化下去。」

「當然，這也給了我們另一個經驗，」他說：「你會看到，一個卡在框框裡的主管，對於團隊的傷害有多大，而他（她）把別人也推回框框會有多容易。所以你所學到的，便是自己應該成為一位不一樣的主管，那是你身為主管得有的責任。你在框框裡的時候，就算大家也會跟著你，也只不過是被強迫，或是覺得受到威脅而已。但這樣不能算是領導，而是強迫大家接受你的領導。大家選擇的，會是人在框框外的領導者。只要你回顧一下自己的人生，就會懂我的意思。」

查克‧史德立的嘴臉漸漸在我的心中消逝淡去，隨之看到的，是阿莫斯‧佩吉，他是我在特崔克斯的第一個主管。

當時我會為了阿莫斯做每一件事。他很嚴格，要求很高，是我能想到那種算是在框框外的人。他對自己工作和產業上的熱忱，成為日後我職涯裡遵循的方向。我已經很久沒看到阿莫斯了，這讓我想起可以找他，看看他最近過得好不好。

「所以湯姆，你想成為一名成功的領導者，有賴於自己是不是可以擺脫自我背叛。」巴德說：「唯有那樣，你才能讓其他人也擺脫自我背叛，才能塑造自己成為領導者——同事們願意跟著你，信任你，想跟你一起共事。為了同事，你得跳出框框，為了傑格魯，你要跳出框框。」

巴德起身。「我舉個例子，讓你知道我們需要你成為的領導者類型。」他一邊說，一邊開始走來走去。「我當律師的第一個案子，便是要成為加州移動式房屋的法規專家。我的研究結果對公司的其中一個大客戶非常重要，因為在他們的拓展計劃中，將買下大片的土地，之後作為停放移動式房屋的用地。

指導我這個案子的是安妮塔・卡蘿，她擔任律師已經第四年了。因為是第四年，所以她還有三年就可以成為合夥

人。當律師的第一年犯一些小錯誤可能還可以忍受,但到了第四年,就不應該出現這種情形。在這個時候,他們應該已經是經驗老到、值得信賴,也很稱職才對。任職於律師事務所裡,如果這個節骨眼還出現任何錯誤,通常都會被認為非常嚴重,因為已經面臨投票選合夥人的時候了。

好,我當時全心全力投入這個案子。大概過了一個禮拜左右,我可能已經變成全世界最清楚加州移動式房屋法規的專家了,很棒,對不對?我把每個細節寫在一本厚厚的記事本裡。安妮塔和負責本案的主要合夥人都很高興,因為這樣的結果對我們的客戶來說是好事。一切都很順利,我成了鎂光燈的焦點。

兩個星期後,我跟安妮塔在他的辦公室討論這個案子,她隨口問道:『喔,對了,我一直想問你:在你的移動式房屋研究中,有確認過每一本書附錄的部分嗎?』」

我不太懂巴德剛剛講的專業名詞。「附錄?」我問。

「沒錯——你去過法律圖書館嗎?」

「有。」

「那麼你就知道那些法律書籍有多厚。」他說。

「嗯，我懂。」

「法律書籍又厚又長，會產生印刷上的問題，於是就用我們講的『附錄』方式來解決。我來解釋一下，法律的書經常需要改版，才能反映最新的法規。為了避免經常要重新印製這些價格不斐的書籍，大多數的法律參考用書都會在後面加上附錄，目的是可以每個月增刪更新的條文。」

「所以安妮塔想問你，是不是已經確認過你的分析中所引用的條文都是最新版的。」

「一點也沒錯。而當她問我這個問題的時候，我很想跑去找個洞躲起來。因為在我洋洋灑灑的內容裡，從來沒想到過要檢查附錄。

於是我們馬上跑到事務所的圖書館，把我所有用過的書都找出來。你猜發生了什麼事？有的法條改了，而且不只是一小部分，而是讓整件事都為之改觀。我讓客戶這麼輕易就碰上公共關係和法律問題的夢魘。」

「你在開玩笑吧。」我說。

「沒有喔。我和安妮塔立刻回到她的辦公室,打算告知本案的主要合夥人傑瑞這個壞消息。當時他在另一個城市,所以我們得打電話給他。湯姆,你現在想一下。」他說:「假如你是安妮塔・卡蘿,面臨對合夥人資格高標準檢視的壓力,你會怎麼跟傑瑞講?」

「喔,可能會講那個第一年來的傢伙搞砸了之類的話。」我說。「我會想辦法讓他知道不是我的錯。」

「我也這麼認為,但她並不是這樣講的。她說:『傑瑞,你還記得那個拓展計劃的研究分析嗎?呃,我犯了一個錯。有些法規最近修正過,但是我沒注意到,所以我們對於拓展計劃提出的策略有問題。』

聽到她這樣講,我整個人呆掉了。我才是搞砸的人,不是安妮塔,但是她——在這種關頭冒著風險——把犯錯的責任攬在身上,電話中一句批評我的話也沒有。

『妳為什麼講妳犯了一個錯?』我在她掛了電話後問她。『因為是我沒確認過附錄的。』她這麼回答:『你是應該先確認過沒有錯,不過我是你的主管,過程中有好幾次我

也想要提醒你確認一下附錄的部分,但是直到今天我才真正問你。如果我在覺得應該問的時候便講了,就不會出現這些狀況。所以,你是的確有錯,但我同樣也犯了錯。』」

「你想想看,」巴德接著說:「安妮塔是不是可以怪在我身上?」

「絕對的。」

「而且她有充分的理由責怪我,但她這麼做了嗎?」巴德問。「因為畢竟我真的有不對的地方,該怪的人是我。」

「是啊,我想這樣講沒錯。」我說。

「不過注意喔,」巴德語帶感性地說:「她不需要怪我——即使我是有不對的地方——因為她自己不在框框內。她在框框之外,就不需要自我合理化。」

巴德停了一下,然後坐下來。「這裡有個問題比較有趣:你認為安妮塔講是她犯了錯而扛下責任時,這讓我對自己犯的錯覺得責任變輕,還是加重了?」

「喔,當然是覺得責任變重。」我說。

「那就對了。」巴德也同意。「我看加重了不只100倍。

安妮塔不替自己相對來說比較其次的錯誤找合理化的藉口，反而讓我對自己犯的主要過錯更有責任感。從那一刻開始，即使安妮塔‧卡蘿要我上刀山下油鍋，我也願意。」

「不過你想想，這樣的差距有多大，」他說：「如果她當時是責怪我呢。要是安妮塔在跟傑瑞通電話時說都是我的錯，你覺得我會有什麼反應？」

「這個……我不知道你究竟可能會怎麼做，不過或許你會開始挑她一些毛病，說她很難共事之類的話。」

「一點也沒錯。那樣子我跟安妮塔兩個人就會把焦點都放在自己身上，而不是專注在比這個還重要的地方——客戶想要的結果。」

「而這一點，」路加入談話，他說：「也正是我在亞利桑那州學到這些內容之後，發現到自己有的問題。我沒做到想方設法，盡自己最大的努力幫傑格魯，還有公司裡的同仁達到成果。換句話說，」他指著白板說：「我背叛了要協助公司其他同仁的感覺，所以把自己埋進框框裡，一點也沒有把重點聚焦在結果上。而這種自我背叛的結果，造成我把所

有的問題都怪在別人身上。那張圖上，」他又指著白板說：「就是我的狀況。我認為公司裡其他人統統都有問題，而把自己看成是因為他們能力很差的受害者。

　　不過在瞭解這個道理的時候——大家可能會認為人生在那一刻瞬間變成黑白，心情非常鬱卒——我在那一瞬間，卻是好幾個月以來第一次為自己的公司感到高興，覺得有希望。儘管我還不知道結果會怎樣，自己卻有種強烈的感覺——覺得需要做的第一件事，就是我得應該往前走，跳脫框框。

　　我得去拜訪凱特。」

7　領導者的誕生

「我和卡蘿當天晚上就搭了紅眼班機離開亞利桑那。」路說:「本來我們想在回家之前在聖地牙哥待個幾天,但是因為聽到消息,凱特再過幾天就要到舊金山灣區的一間公司上班,於是我們改變了計畫。我真的很希望能在她出發之前見到她,有些話我得跟她講。」他說:「我要拿個梯子給她。」

「梯子?」我問。

「沒錯,梯子。我在凱特離開公司前,對她做的最後一件事,」他回憶著說:「是把一個梯子從她的銷售區域裡拿走。她的部門原本決定要用那把梯子當作象徵,鼓勵大家達到銷售目標。當她跟我講的時候,我覺得這個點子很蠢,也這麼告訴她,但她們還是決定要放個梯子。當天晚上,我就叫人把梯子從那裡拿走。三天後,她和其他四位那次『三月

危機』裡的同仁就提出了辭呈，告知公司兩個月後要離職。我則是叫負責安全的同仁讓他們在一小時之內離開公司——甚至不准他們再單獨進入辦公室。我告訴自己，像這樣背叛我的人是不值得信任的。那是我最後一次看到凱特，也是最後一次跟她講話。

我說不上來要怎麼講，但我覺得就是得給她一把梯子。它象徵的意義很大，而我也真的這麼做了。

我和卡蘿在星期天的清晨六點回到甘迺迪機場。我要司機先在家門口放卡蘿下車，然後載我到公司，我仔細翻了五、六個倉庫，才找到一把梯子。我們把梯子綁在車頂，然後前往凱特在利奇菲爾德的住處。我按她的門鈴時，大概是九點半左右，我身上背著梯子。

門開了，我看見凱特，當她看到我的時候，眼神相當的驚訝。『凱特，妳先別講話，』我說：『有些話我一定得說，雖然不知要從何說起。首先，是對於星期天早上冒昧打擾妳感到抱歉，不過這不能再等了。我……呃……我』

凱特突然大笑起來。『路，不好意思。』她在門邊笑到

彎腰。『我知道你一定有很重要的事要說,不然你不會來,但是一看到你彎著腰扛梯子的樣子,真的太好玩了。來,我幫你把梯子拿下來。』

『對,梯子。』我說:『要先從這個說起,我真的不該那樣做,說句實話,我也不知道為什麼要那樣做,我不該管這種事的。』

這時凱特停止了笑聲,開始專心聽我講:『凱特,妳聽我說。我真的太差勁了,妳知道我的意思,大家也都知道,然而直到兩天前,我自己才弄清楚。或者應該這麼說,我一直沒看清真相,不過我現在可以確定看得很清楚。看到自己之前對生命中最關心的人做出這些行為,真的嚇到我自己——這些人也包括妳。』

她就站在哪,專心聽我講。我也不明白她是怎麼想的。

『我知道已經有很好的機會等著妳,』我接著說:『而且我也從沒抱著妳會回傑格魯的希望——尤其是在像我先前的做事方式之後。因此我今天會在這裡,就是要懇求妳,有些事得跟妳談一談,但是如果妳要我走人,我也會照做,以

後不會再打擾妳。只不過我現在已經弄清楚,之前是怎麼把大家都弄得很毛的,而且我認為,自己對於如何彌補一切,讓大家一起重新上軌道也有個想法,所以一定得跟妳談談。』

她從門口往後退。『好,』她說:『我聽你講。』

之後的三個小時,我努力跟她分享自己前兩天學到框框的概念,還有其他的每一件事。我想當時我講得零零落落。」路看著我笑著說:「不過我講了什麼並不重要,因為她能理解,不管我講些什麼,我都是認真的。

最後她說:『好吧,路,可是我有一個問題:假如我回公司,又怎麼知道這是不是短時間的改變呢?我為什麼要冒這個險?』

聽到這樣,我的肩膀垮了下來,不知道該怎麼講。『這個問題問得好。』我最後說:『我很想告訴你不用擔心這個。我知道自己是個怎樣的人,妳也瞭解我,這就是我想找妳談的其中一件事,我需要你的幫忙。』

我跟她解釋初步的計畫內容。『有兩件事需要進行,』

我告訴她：『首先，我們需要在公司制定一套流程，協助同仁看看自己是不是在框框內，是不是沒把焦點放在結果上。其次——也是很關鍵的一點，特別是對於我個人——我們要制定一套系統，能聚焦於結果，幫助大家比之前更能留在框框外——思考的新方法、評估的新方法、回報的新方法，以及工作的新方法。一旦我們在框框外了，』我告訴她：『就有很多事情能做得到，幫助我們持續待在框框外，並向前邁進。我們必須在傑格魯制定一套這樣的制度。』

『你有想到要怎麼做嗎？』她問。

『有，我想到了一些。不過，凱特，我需要妳幫忙。』我說：『我們共同努力才能想出最好的方式。在我心目中，沒有人比妳是更棒的人選。』

她坐在那裡想。『我不確定耶，』她講得很慢：『我得好好想一想。可以再回你電話嗎？』

『當然可以。我會在電話旁邊等的。』」

8　另一個契機

「就像你能猜到的，」路說：「她有打過來，給了我第二次機會。你多年來嚮往的傑格魯，便是這第二次機會的結果。

在我們一起重新開始之際，也犯了許多錯誤。唯一一件我們從一開始就真正做得很好的事，便是讓公司所有同仁學習你這兩天學到的概念。我們對於這些概念在職場上所代表的意義還不是那麼清楚，所以最初只是從比較一般的概念開始。不過你知道嗎？它讓公司有了很大的改變。就以巴德這兩天所教你的——光光這個部分，當公司同仁們學到這些概念後，便產生了非常強大又有持續性的效果。我們之所以知道，是因為隨著時間演進，我們一直在衡量結果。

過去20多年來，我們對於將這些觀念運用在特定的工作環境上，已經變得越來越熟練。當我們變得越能夠跳脫框

框,就越可以確認並發展一套具體的行動計劃,把職場中基本上會出現的自我背叛行為降到最低。在一開始的時候,當同仁們對其他同事和公司的態度就是在框框外,我們便可以推動大家用這種方式好好共同合作。」

路停頓了一下,巴德接著講。「我們目前努力的成果分為三個階段。」他說:「昨天和今天,你已經上了我們稱為第一階段的課程。我們最開始也只有這些內容,不過光是這部分,就已經產生相當驚人的影響,這個部分則是之後其他內容的基礎,也是讓我們能有成果的原因。我們在第二和第三階段的內容是建立在之前的基礎上,藉由具體和有系統的方式,讓你把焦點放在成果上,並且能夠達成——一套能將職場上的自我背叛降到最低,創造公司最大獲利的『責任轉換系統』。而之所以會有這樣的情形,是因為它大幅減少了公司內常見的人的問題。」

「『責任轉換系統』?」我問。

巴德點點頭。「你在框框裡的時候,會把焦點放在誰身上?」

「大多數是我自己。」

「那麼你在框框裡的時候,會把焦點放在什麼上面?」

我想了一下,然後才說:「會放在自我合理化上。」

「如果企業裡所有的員工都把達成某個特定,而且具體的成果當成是自己的責任,那會出現怎樣的情形?假如他們真的對這一點有責任感,那麼會對自己沒能達到成果而自我合理化嗎?」

我搖搖頭。「應該不會。」

「所以他們會因此把焦點放在達到成果上,而不是對於沒能做到自我合理化,對吧?」

「我想是這樣。」我說的同時心裡在想,巴德這樣講的意思不知道是什麼。

「想要達到這樣的結果,如果出發點是需要每個人先想到別人呢?」

我沒有馬上回答。

「想想看,」他接著說:「如果每個人的焦點都放在別人身上,就不會把焦點放在哪?」

「他們自己嗎？」我直率地說出。

「一點也沒錯。一間公司會在框框裡，就是因為裡頭的員工全都把焦點放在自己身上，對自己的行為自我合理化。試想一下，假如公司裡每個人都把焦點放在別人身上，放在達到成果上，情況是不是就變得完全相反？」

「那就會成為一間在框框外的公司了。」我說。

「完全正確。這就是為什麼我們的『責任轉換系統』設計的目的，以及所想產生的效果。在這樣有紀律、持續性的風氣之下，我們就能讓大家保持把焦點放在結果上，放在別人身上。公司裡普遍的存在的責怪文化，被具備高度責任感和當責的文化所取代，那些只把焦點放在自己身上，替自己行為自我合理化的員工就不會出現在公司裡。」

「那麼如何可以把那些表現不佳的員工也當成人來看待呢？」我脫口而出這麼問。

「讓人離開也是一種行為，」巴德回答說：「有兩種方式可以執行。」

「我知道，我知道。」我說的時候，試著讓自己平復下

來。

「在這種得讓某人離開的遺憾情況下，」他緊接著說：「我們的目標是讓人離開，而不是讓某個物體離開。這是完全不同的狀況。」

我點點頭，現在非常清楚自己在傑格魯的未來，跟能否把這些觀念弄懂很有關。「那麼我需要怎麼做，才能開始運用這套『責任轉換系統』？」我問。「我已經準備好要進入第二階段了。」

「不，你還沒準備好。」巴德說的同時，他笑了。「沒有那麼快。」

「我還沒準備好？」

「沒錯。因為雖然你現在瞭解了職場上最基本的自我背叛，但還不清楚自己自我背叛的程度會到哪裡，也還不瞭解自己沒能把焦點放在達到結果會到怎樣的程度。」

我覺得自己的臉又開始變得不自然，突然間也才發現，我有這種防禦心理已經是昨天早上的事了。不過這種想法似乎救了我，我又回到坦然面對問題的心態。

「但是你在這方面跟別人並沒有什麼不同。」巴德帶著誠摯的笑容說：「你很快就會看到。事實上，我準備了一些東西要給你看，我想在一周之後跟你再談，到時我們需要一小時左右的時間。」

「好的，我非常期待。」我說。

「到時候是見真章的時刻。」巴德又說：「屆時你得對自己的工作內容重新思考，學會評估你從來沒認為過需要評估的事，同時你也會用從沒想過的方式幫助別人並且回報狀況。你將學到用最深入、最有紀律的方式讓自己具備責任感。身為你的主管，我會協助你完成所有的這些事項。而你身為經理人員，也將學到如何協助你的部屬做到這些內容。在過程中你將會發現，沒有比這個更棒的工作方式，也沒有更棒的生活方式了。」

巴德站起來。「湯姆，就是這所有的一切造就了傑格魯，我們很高興你是其中的一份子。順帶一提的，除了你要看的東西外，我還有功課要給你。」

「沒問題。」我講的同時，心裡在想會是什麼。

「我要你想想和查克‧史德立共事的那段期間。」

「史德立？」我很驚訝地問。

「對的。我要你想想自己和他共事的時候，是如何把焦點放在結果上的，自己是不是抱著這樣的態度。我要你想想自己是否用開闊的心胸接受指正，還是拒絕接受；自己是否主動學習，而在有機會的時候，是不是滿懷著熱忱教導別人；自己工作上是不是很有責任感，出差錯的時候，你是扛起責任，還是把責任推到別人身上；遇到問題時，你是立刻找出解決之道，還是反而找到可以抨擊別人的機會。你是否贏得周遭的人——包括查克‧史德立——的信任。

當你思考這些問題的同時，我要你心裡一直記得我們所講過的內容。不過，我想要你用比較特別的方式來進行。」巴德從他的公事包裡拿出一些東西。「湯姆，有時候只懂得皮毛是一件滿危險的事。就像你運用其他的東西一樣，這些內容也可能成為你責怪別人的工具。僅僅知道這些內容，並不能讓你跳出框框外，得在生活中學著落實這些內容。如果我們只是把這些內容當作檢驗別人的工具，那也不能算是落

實。只有我們在運用它的時候,學到能如何對別人更有幫助——即使是像查克‧史德立這類的人,這樣才能真正算是落實這些內容。

在你試著執行這些內容時,有些事項得牢記在心。」他說的時候給了我一張卡片。

上面寫著:

理解概念

◆自我背叛會導致自我欺騙,導致「框框」的產生。

◆當你在框框裡的時候,便無法聚焦在結果上。

◆你想發揮影響力、獲得成功,取決於是否在框框外。

◆當你停止排斥別人的時候,才會跳到框框外。

落實概念

◆別嘗試追求完美,而要試著追求進步。

◆別對還不瞭解的人使用到專業術語——像是「框框」之類的名詞,而是要在生活當中運用這些原則。

◆別去找別人的框框,而是要發現自己的框框。

◆別指責別人為何在框框裡,而是要試著讓自己保持在框框外。

◆當你發現陷在框框裡的時候,別放棄自己,而是要試著繼續努力跳脫框框。

◆當你掉進框框裡時,別拒絕承認這個事實,而是要承認錯誤,然後繼續向前邁進,試著在未來能對別人產生更多的幫助。

◆別聚焦在別人做錯了什麼,而是要把焦點放在你能幫別人做對什麼。

◆別擔心別人是否能幫到你,而是要在乎你是否能幫到別人。

「好的,巴德。這些內容會有所幫助的,謝謝你。」我一邊說,一邊將卡片放進我的公事包裡。

「不用客氣。」巴德說:「期待下星期再看到你。」

我點點頭,然後站起來轉身跟路道謝。

「湯姆，在你離開前，」路說：「我還有一件事要跟你分享。」

「請說。」我說。

「我兒子——柯瑞，還記得嗎？」

「記得呀。」

「嗯，在我跟卡蘿看著他被載走的兩個月後，我們坐上了同一台廂型車，來到柯瑞待了九個星期左右的那片荒郊野外，準備跟他會面，和他一起住個幾天，然後帶他回家。我想我這輩子從沒那麼緊張過。

他不在的那幾個星期，我經常寫信給他，訓練營的領隊每周二則會把信件交給孩子們。在信裡，我對他敞開心胸地談，慢慢地，就像稚嫩的小馬在河邊踏出不確定的第一步一樣，他也開始對我卸下心房。

透過這些信件，我發現了自己從來沒有好好瞭解過的孩子。他其實充滿著問題與想法，而我則對於這些問題的深度，以及在他內心的感覺感到驚訝。不過最特別的是，在他的字字句句當中，彷彿流露出寧靜的樂章，讓一位擔憂孩子

的老爸能夠平靜下來。每一封寄出的信,每一封收到的信,都是療癒的泉源。

正當我們快抵達會面地點的時候,我差點被這種想法打垮——一對從沒想過好好瞭解對方的父子原本就要被這麼拆散。正當兩人間的大戰一觸即發——感覺會延續好幾代的戰爭一樣——奇蹟解救了我們。

車子開上塵土瀰漫的山丘,我看見四、五百公尺外,一群我這輩子見過最髒的小孩,身上髒兮兮不說,每個人不僅衣衫襤褸,還滿臉鬍子,頭髮也有兩個月沒剪了。但就在我們靠近之際,有個男孩衝了出來,在漫天塵土當中,我還認得出這個變瘦的孩子。『停車,停車!』我對司機喊著。我下了車跑向我的兒子。

他馬上跑過來投入我的懷抱,淚水從他滿是塵土的臉龐流了下來。在啜泣聲中,我聽見他說:『爸,我再也不會讓你失望了,我絕對不會再讓你失望。』」

路不發一語,看得出強忍著回憶當時的情緒。

「那時候他對我表達的感覺就是這樣。」他接著說道,

語氣變慢了。「讓他失望的其實是我,聽到這,我的心都融化了。

『兒子,我也不會再讓你失望了。』我說。」

路的話停了下來,試著讓自己從回憶中跳脫。然後他從椅子起身,用和藹的眼神看著我。「湯姆,」他把手放在我的肩膀上說:「讓父子分開、夫妻分開、使鄰居之間反目的原因——跟同事之間彼此的對立都是一樣的。公司不成功跟家庭不和睦的原因並沒有不同,我們對這樣的結果又有什麼好值得驚訝的呢?對那些我自己排斥的同事們,他們不也都是為人父、為人母,都是別人的子女、兄弟或姊妹嗎?

一個家庭、一間公司——都是以人為本的組織,這就是我們在傑格魯所要理解與落實的觀念。」

「要記得,」他又說:「不管是巴德、凱特、還是你太太、你兒子,甚至是像查克·史德立這樣的人,只有在我們跳脫了框框,彼此都用人來對待之際,才能真正了解他們,和他們一起共事,一起生活。」

附錄

讀者連結

1 組織中有關自我欺騙的研究

如同我們在本書中所討論的，自我欺騙是傷害一個組織最深的問題，會出現這種情形，是因為對於問題有責任的人，就自己也許有錯的可能性，仍然抱持著排斥的態度。

我們在《不要窩在自己打造的小箱子裡》（The Outward Mindset）一書當中，針對這個問題分享過帶著幾分幽默，卻又令人困擾的例子。裡面所舉的故事跟這本書有點類似，故事的主人翁跟本書中路的角色很像，他的名字叫傑克・豪克。

傑克・豪克是一間叫做透步樂鋼材公司的創辦人，也長期擔任執行長。這間位於聖路易的公司，在鋼鐵和碳素產品上是美國國內的經銷商。多年前，透步樂入主了一間世界知名的顧問公司，目的是協助其克服內部高階管理團隊長久以來的鬥爭問題，以化解整間公司成長停滯的危機。歷經了好

幾個月，試過一個又一個的方法也沒有起色後，傑克問這間顧問公司有沒有其他可以嘗試的方法。顧問公司介紹他亞賓澤協會的做法，建議傑克採用我們的方式。

在跟傑克和他團隊的第一次會議中，我們把焦點放在讓每位高階主管藉由下面這段敘述，重新評估他（她）自己對公司當前所面臨的挑戰有怎樣的貢獻度：就我而言，我認為問題出在我身上。

傑克非常想幫這間公司解決問題，他也看見這個方法很有希望能達成目標。然而，他對自己要如何好好運用這個做法仍然沒有頭緒。在和團隊結束第一天的討論之際，他對於跟大家一起努力的方向感到活力滿滿，他站起來跟在座各位重申自己對所做的努力。「我希望各位瞭解我們討論內容的意義，」他說：「我會做好廣告布條，掛在大樓外。」接著，把手指向在座的主管們說：「別忘了：對各位來說，問題就出在各位身上！」

你可以想像得到當時團隊成員們的反應。在那一刻，傑克認為他抓到之前完全忽略掉的重點。對於個人該肩負的責

任視而不見，是自我欺騙衍生出來的問題。傑克逐漸克服了這個盲點，所以開始能用更直率和更清晰的角度來看事情。因此，即使面對同類型產品的市場疲弱不振的環境，他的公司仍然徹底鹹魚翻身。在三年內，透步樂鋼材在市場上的產品規模雖然從1,000萬縮到600萬噸左右，但公司在同期的營業額，卻從3000萬成長到1億。透步樂之所以能達到這樣的成長，完全是因為管理團隊的成員能做到好好評估與數據化，以及處理隱藏在自己背後自我欺騙的問題。

我們的研究發現一個很有趣的方法，可以用來瞭解組織裡自我欺騙現象的程度如何。多年來，我們讓那些來參加研討會的與會者以不記名的方式，就他們自己以及任職的公司在框框內外的程度，從1到10分來打分數，認為是我們所講在心態上「完全在框框內」的為1分，「完全在框框外」的則是10分。有個很有趣的現象是，大家對個人的分數都打得比自己的公司還高──也就是說，覺得自己比較接近框框外。我們還同時發現另一個很有趣的現象是，竟然沒有人對這樣的結果感到意外！大家幾乎都普遍預期自己和其他人會把自己

的分數打得比任職的公司還要高。為什麼會出現這種情形？為何大家認為自己的分數要比任職的公司還高，為何每個人都知道別人也是這麼想的呢？

當然，數學在這個地方並不管用。舉例來說，一間在這項滿分10分的評分中實際應該得到4分的公司，不可能裡頭都是平均為8分的員工。當我們指出這一點時，大家的態度大多是很緊張地笑著（同樣的情形，幾乎普遍是這樣）。在我們對自己和對別人打分數兩者之間的差異，便是我們所稱「自我欺騙產生的差距」（self-deception gap）。自我欺騙足以解釋我們自我膨脹的看法更甚於對別人。

我們的研究也顯示，大家在直覺上知道自我欺騙的問題。不過他們之所以會知道，並不是因為承認問題出現在自己身上，而是因為他們發現別人對於達到的成果有誇大的情形，也觀察到別人是如何藉由把問題的矛頭指向別人，而非讓自己扛下責任，才得以解釋其中的落差。自我欺騙有個很有趣的觀點，便是觀察和認清別人有這些行為的人，自己其實也是半斤八兩。然而，他們卻相信對於自己的自我評估，

會比其他同事自我膨脹式的評估還來得準確呢！就像傑克‧豪克早期在透步樂鋼鐵一樣（如同路‧赫伯特的角色），他們看見問題，卻沒好好看清楚自己的問題。

像這種幾乎是普遍性「自我欺騙產生差距」的現象，在我們運用正式方法對客戶的企業進行評估時，再次得到了驗證。有一項包含20個問題，稱之為「亞賓澤心態評估」（Arbinger Mindset Assessment）的調查工具，運用更詳細的方式來衡量受訪者評估他們公司和自己各是處於何種心態。

心態評估中所問的問題，包含了一些像是認知度、關心別人、責任感、一致性、合作度、自我矯正、協調性、包容性、同情心、透明度、以結果為導向、坦誠度、心存感激、辨識度、賦權情形、主動性、積極度以及安全感等，可以用來作為衡量的特性。我們在檢視過企業內這些不同的要素，平均其結果之後發現，大家對於同事所打的分數平均為4.8分，而給自己的則是6.8分，也就是說，就前面所講的這些特性，個人給自己打的分數比對其他同事還高出40%。

在受訪者自評和對其他人的看法上，就所產生的自我欺

騙差距之間，在心態評估上會有一項是特別小的。依我們的經驗，這項特性便是某個組織中在心態上最大的單一指標，我們把它稱之為橫向基準（horizontal alignment），是一項可以得知大家和其他同事對於組織目標、需求，以及挑戰的了解程度的衡量工具。

橫向基準之所以對於心態評估這麼有幫助的原因，是因為過度追求個人利益，也就是使一個人卡在框框裡面（或是說其心態上是在框框內）的態度，並不會激發他（她）讓自己同事提高對於組織目標、需求，以及挑戰的意識。個人利益或許可以讓一個人了解更多他（她）的主管對於組織的目標、需求，以及挑戰，不過心態在方向上偏框框內的前提下，他（她）在組織當中並不會引起自己的橫向同事做出相同的努力。從心態上偏框框內的觀點來說，那種努力似乎既沒有什麼關聯，也不像是對於個人想要有突出的表現做出一點貢獻。偏向框框內的心態就這兩方面來說都不正確，而且這種心態一直存在著的盲點，便是掩蓋事實。

有趣的是，大家就橫向基準這一項，在評估當中對自己

和公司所給的分數，要比其他的特性來得低。就這項因素而言，自我欺騙的差距仍然存在，不過在差距上卻比其他因素要少一半。這樣的結果透露一些重要的訊息：橫向基準這項因素對於大多數的組織而言，都算是分數比較低的一項，即使面臨自我欺騙的問題，大家會發現難以隱藏他們自己並非什麼都是最好的事實。因此，提升部門與部門或小組等橫向單位間的認知，幫助大家了解讓個人、團隊，乃至整個組織，是因為哪些特性才會卡在框框內，進而打破框框的束縛，便成為很關鍵的策略。這個策略會如此重要，是亞賓澤協會得以協助客戶提升內部的橫向認知，使那些橫向認知較差的組織部門間能達成相近的績效，降低以競爭為目的的重要工具之一。

如何運用「亞賓澤心態評估」衡量出自我欺騙產生的差距

前面所講的「亞賓澤心態評估」，是你可以方便取得的工具。在網址www.arbinger.com上，你就能免費取得這些評

估方式。它是一項由20個問題所組成的工具，你花不到5分鐘就能完成，同時也會根據你填的答案，自動分析你和自己所屬公司的心態。

假如你想獲得團隊、部門或整個組織的資料，亞賓澤協會可以讓你有團隊等級的權限，而擁有了團隊等級的權限，所產生的評估結果將包括就其他的資料數據，衡量出組織的自我欺騙差距有多少。歡迎聯絡我們亞賓澤協會，試試建立團隊等級的權限。

2 從快要改變到心態上真正改變

在本書中,我們敘述了兩種截然不同的生活經驗——一種是自我欺騙,卡在框框裡面的經驗,另一種則是不會自我欺騙,跳脫於框框之外。在閱讀這本書的同時,你會發現這兩種生活經驗有一項最重要的關鍵,便是我們如何看待與感受別人的存在。當我們在框框裡面時,感受到的其他人並非像存在於他們自己生活中的人一樣,而不過是我們生活中的物體而已。當我們用這兩種不同的角度感受別人時,也會用不同的方式感受自己。在選擇把別人當作人或物體來看兩者之間,其實就跟我們會用怎樣的角度正確或錯誤看待與感受自己是一樣的道理。

一個人感受自己和別人的方式在這兩者之間是截然不同的,學者們把這種不同稱為不一樣的「變化過程」(ways of being)。選擇從框框內跳到框框外(或相反的過程),

等於是一個人生活方式的徹底轉變。也就是說，不僅僅是他（她）的行為有所改變，就連對事情的想法、所產生的情緒以及解讀，不論在過去、現在或是未來，都會出現改變。

多年前，這本書第一版發行以來，在我們與客戶的互動之中，已持續精進一些所使用的術語，為的是讓這些原本就嚴謹的內容不光是理論講得很漂亮，而且也能同樣成為效果強大的實務工具。我們發現，假如我們把轉變的過程用「心態上轉變」（mindset change）這樣的名詞，而不是用「快要改變」（way-of-being change）的講法，客戶就更能容易理解並運用我們所教的內容。或許是因為「快要」（way-of-being）的講法在我們認真討論這個問題的同時，會讓人感覺到很像是地心引力一樣，似乎不容易改變。而用「心態」（mindset）這個名詞，則有著從根本上改變的意思，聽起來的感覺像是由內在發生了改變，事實上也是如此。

身為這些演進過程的一部分，幾年前我們開始採用「心態上轉變」，而不是「快要改變」的講法。特別的是，我們開始談到如何協助個人、團隊和組織，從原本心態上在裡面

（卡在框框內）轉變成在外面（跳到框框外）。我們很快就學到瞭解這些改變的特性，對於我們客戶有非常大的幫助。

我們在書中所分享的概念，在將近20年後仍然適用。像是「在框框裡」和「在框框外」之類的名詞，也已成為大家的用語，幫助了好幾十萬，甚至是上百萬的人。隨著看過這本書的讀者持續增加——從最早的口耳相傳，到現在成為紀錄上的暢銷書之一——都證明了我們闡述的概念充滿著無限的力量。如果你有機會接觸到亞賓澤協會最近出版的新書《不要窩在自己打造的小箱子裡》，只要你記得快要卡在框框裡的意思，就是我們現在經常講的「心態在框框內」，而即將要跳出框框外的意思，就是我們所講的「心態在框框外」，那麼你便能輕鬆掌握它和前幾本書的關聯性。

我們的使命是讓整個世界都跳到框框外——一次改變一個人、一支團隊，或一個組織。

3　領導力和自我欺騙的關聯性

對於本書所敘述的觀念能讓大家廣泛運用，我們覺得相當高興，也很驚訝。儘管當初的目的是把它放在商業叢書，不過讀者們認為書中的基本概念可以運用到生活中的每個層面——舉例來說，從維繫長久的婚姻關係、養育子女，到促進組織或企業的成功，以實現個人的成就感與喜悅。不論是工作或生活中，可以運用的範圍都非常廣，也很多元。

聽到讀者們運用這本書的方式，實在令人覺得很有趣。我們發現這些運用主要可以歸納為跟人或組織經驗有關的五大類。第一種是應用在招募員工，很多組織把這本書當作遴選新進員工和人事流程的重要工具。他們要求應徵者閱讀這本書，然後在應徵者讀了之後進行討論，用來評估企業或組織能夠成功的關鍵特性，而這些特性採用一般的人事招募程序往往很難看得出來。

第二種運用的範圍，是你或許可以想到的領導統御和團隊建立（team building）。這項運用就本書的目的而言非常清楚，因為一個人對別人在框框裡的程度，跟他能否與別人相互合作，以及帶領別人的能力有很大的關聯。這一點不論是在家庭生活或職場上都一樣。

第三種運用是解決衝突（conflict resolution）。如果你想想，有一件事是每個涉入矛盾衝突的一方都認為對的，那就是衝突的原因往往是別人的錯。這意味在既有的矛盾衝突下，或許沒有長久的解決方案，除非那些該負責的人突破自我欺騙的盲點，開始意識到他們自己的確有不對的地方。同樣地，這一點不論是在家裡，還是在公司都講得通。

第四種運用在這本書接近結尾的篇幅中有提到。解決了自我欺騙的問題，便可以在各類型的組織中建立起肩負責任和有責任感的深厚基礎。關於這一點的原因是，一旦到了框框外，大家就沒有必要責怪別人或推卸責任。因此，跳脫了框框讓組織提升到一種把主動積極當作習以為常的境界，而這是被框框所束縛的組織無法達成的。

最後一項運用的範圍可以統稱為「個人成長與發展」。跳脫框框改善了生活中的每一件事——舉例來說，對別人的想法、對自己的感覺、對未來的希望，以及對目前做出改變的能力。基於這些原因，這本書在個人輔導、諮商，以及心靈啟發等領域相當受到歡迎。

因此，我們把大家運用這本書的方式，林林總總歸納為五大方面：

(1)遴選與招募員工。

(2)領導統御和團隊建立。

(3)解決矛盾衝突。

(4)責任轉型。

(5)個人成長與發展。

在下面的篇幅中，我們會進一步討論大家在各個領域有哪些特別的運用。

遴選與招募員工

很多組織雇用他們新進員工的過程時，會運用到這本書的內容。他們要求準新進人員閱讀這本書，作為面試流程的一部分。面試人員會強調書中一些觀念的重要性，包括把別人當作人來看待，以及要把焦點放在結果上。他們強調讓別人難以好好做事，或把其他人看成只是物體，都是組織或公司裡不能容忍的事，也會造成無法繼續留任。這種概念甚至能讓公司在正式到職前，篩選掉那些不願承諾以框框外心態做事的員工，同時建立出明確的目標。

以下是我們其中一個客戶的公司所寫，對於如何運用書中觀念的敘述：

我們要求所有的應徵人員閱讀本書，並準備好在第二次面試時進行討論。很特別的是，我們要求應徵者分享他們在閱讀這本書的同時，有了什麼發現。當某個人遇到工作上，或是和同仁相處間的問題時，這本書幫助我們更快找出他們

願意把問題認為是出現在自己身上的程度到哪裡——對於判斷那些能否順利進入本公司的員工是很關鍵的預測工具。運用這種方式遴選員工，使我們營業部門主管的低流動率領先業界，也成為本公司競爭優勢的註冊商標之一。仔細閱讀這本書也幫助我們好好訓練主管，使其得以確認這些來面試的新進人員出現哪些排斥心理的跡象或症狀，幫我們避免掉訓練新人的高額成本：自我防禦心太強、對自己的貢獻度過於誇大、怨天尤人、或是放任不管等等。我們把這些看得很認真，所以對於在招募員工上如何運用《跳出問題的框框》的觀念，還考量了之後的「進階班」訓練，以確保我們的營業部門主管可以養成這些關鍵的領導能力。

領導統御和團隊建立

我們已經從客戶的公司那邊聽到許多單純和員工分享本書裡的觀念，很戲劇性地改善了組織內部相互協調和團隊合作的問題。這些組織有些是要求或鼓勵他們所有的員工讀這

本書，而另一些則是著重在某種層級以上的經理人員。有些組織或公司接著會進行一些正式或非正式的討論，讓同仁從工作中運用這些觀念。這些組織中有很多也運用我們亞賓澤所提供的協助，就他們在訓練及諮詢方面給予支援，讓領導力與團隊建立得以應用在實際的工作上。

結果真的很戲劇性。從第一線的主管到跨國企業的執行長，我們經常聽到這本書是如何徹底改變這些主管幹部們看自己的角度，以及跟團隊之間的互動。舉例來說，我們聽到許多人講，他們公司的執行長或現在的主管是如何像書中所舉路的例子一樣，出現了戲劇化的改變。有一位主管這麼寫道：「我們不會像之前一樣那麼常掉進框框裡，而假如我們真的掉進去了，大家跳出來的速度也會快得多，因為我們已經可以辨別出框框出現時的警訊，以及那種感覺。開會時大家也不再那麼針鋒相對，同仁們對彼此間也更有耐心，很像是有一種潤滑劑，蔓延在我們之中，滋潤了整個公司，讓我們用更坦誠的態度面對自己，也更尊重別人。」

有一間公司寫給我們的內容是這樣的，在聘用新的營業

部門主管時,他們會採用書中巴德跟湯姆會談的濃縮版內容。他們就像本書裡面的角色一樣,也很感性地把會談過程稱作「巴德會議」。在會談中,他們教育同仁的重點包括自我欺騙所產生的問題,以及對於自己工作上的影響,並強調需要把重點放在結果上,而不是放在自己身上與自我合理化,同時引導他們的員工運用這本書所教的觀念,朝聚焦於成果的方向上邁進。

然而,運用這本書進行團隊建立與強化領導力不僅僅止於公司。許多因為工作上需要看過這本書的朋友,把其中的觀念帶進家庭裡,進而讓他們的家人也知道這本書。經常看到夫婦和家人一起閱讀這本書,並且將學到的地方應用在家庭生活中。我們經常聽到有人講,他們的家庭生活因為這本書而豐富了許多。聽起來可能很像電影情節,有一位高階主管跟我們講,這本書救了他的兒子一命;另一位原本意志消沉的讀者,則透露看完的感覺像是讓他獲得重生。

那位高階主管在看過書之後,分享了以下的心情:

我寫的內容恐怕還傳達不了我閱讀這本書三小時後,對

於自己的生活、領導力以及未來所產生的影響。我必須講，在我看過這本書之前，自己的人生並沒有什麼轉捩點，但現在我有了。這本書寫得讓我嘆為觀止，於是我回家後把它交給我太太跟她分享，也有一種感覺，覺得要把它跟我團隊裡的所有同事一起分享。我終於有一本能和團隊同仁們一起看的書，然後大家可以就裡面的內容進行討論。儘管如此，我自己可能需要看個幾次，因為我不確定自己是不是真的理解⋯⋯就像湯姆一樣。

大家把這本書運用在建立關係，以及增進團隊合作等方面的例子，真的講不完。不過，以這樣的方式運用這本書，讓我們學到一個訣竅：這本書的標題看起來好像有點爭議，所以基於這個原因，在你拿這本書給別人時，不妨像這樣講：「這裡有一本能幫你在我變得很難搞的時候可以搞定我的書。」這種講法就沒有爭議，大家會願意閱讀它，用更敞開的心胸學到更多的內容。

解決矛盾衝突

美國某大城市的警察局已經成功運用本書和它的叢書《和平無關顏色》(The Anatomy of Peace)裡的觀念,徹底改變員警們在劍拔弩張的情況下,面對民眾時的應對方式。例如在搜查毒品的行動中,他們會把對方同樣當成是人來看待,這種認知在做法上很重要的一點是,可以很快產生出緩和緊張氣氛的方式,並保持冷靜與現場秩序,在要求偵查目標能趕快配合的情況下,降低無辜民眾受到傷害的機率。

這樣的方式結合了本書所提到在框框外的概念,以及《和平無關顏色》裡面描述的影響金字塔(Influence Pyramid)。舉例來說,警方破門而入後嫌疑犯被逮捕,員警會立刻詢問嫌疑犯,還有其他可能在場的人有什麼需求,比方說需不需要水,或是要不要上洗手間?會不會覺得不舒服?有沒有什麼警方可以幫他們做的?諸如此類。根據他們的報告顯示,自從警方開始把焦點放在將所接觸的民眾(甚至嫌疑犯)也當成人一樣來看待後,社會大眾對於警方行為

的抱怨基本上已經聽不太到。儘管這不像大家在電視上看到的那麼有戲劇性，不過事實證明了這樣做比單純執法還要有效許多。

很多法官在進行調解之前，會要求兩造先讀一讀本書或是《和平無關顏色》，我們也聽過許多當事人在讀過一或兩本這些書後，化解彼此之間歧見的故事。即使沒有調解成功，這些書裡的觀念也提供了更共通的語言與認知，讓調解過程更有效率。除此之外，法官和調解員都認為這本書讓他們有了在框框外的能力――也因此更有效率――即使當兩造間相互攻訐，狀況變得很複雜的時候。這些專業人士發現，自己在心態上待在框框外讓他們在每一次調解時的成效更好，也比他們學過的一些技巧還要有幫助。

這本書不僅僅運用在調解方面，在司法系統內也被廣泛運用。一位法界從業人員寫道：「你想想看，用了這些觀念，幫客戶面對一個之前看似無法克服的問題，實際上不必用訴訟就可以解決。或是想一想，運用這些觀念能協助客戶瞭解調解過程為何會卡住，如何啟發出各造之間良好的對應

方式,讓調解得以回到正軌。」就像這類的運用也有一個例子,某間公司正在跟他的一個供應商進行訴訟,他們的執行長在閱讀過本書之後,建議他們應該拜訪一下自己的供應商,看看大家是否可以解決彼此的分歧。結果,他們不僅不用上法庭就解決了雙方分歧的意見,而且彼此還同意繼續相互間的配合關係呢!

當然,這本書就解決矛盾衝突的運用不止於司法方面。例如,我們經常聽到有人講,讀過這本書之後挽救了他(她)們的婚姻,或是這本書讓自己成功處理跟主管或同事間的問題。一些學校裡的老師也告訴我們,他們原本要處理一大堆學生之間的矛盾或衝突問題的工作環境,到後來轉變成一種合作文化,讓每個人讀讀這本書,接著開會進行討論,談談他們從書裡學到了什麼。同樣地,一間美國主要機構的幹部,在和他們對立的工會成員讀過了這本書之後,成功解決了原本所費不貲的勞資爭議問題。

本書或《和平無關顏色》之所以能幫助大家有效解決爭議的原因,在於它們協助讀者敞開心胸,發現自己原本怪罪

於別人的根本問題，那就是解決自我欺騙問題的根本——發現我們原本不知道自己才是問題的這個問題，也正因為這種領悟，才使得解決彼此間的矛盾成為可能。

責任轉型

很多主管經常運用這本書幫那些心態亟需調整，不到被炒魷魚那一刻不會緊張的員工。在許多情況下，這本書幫了那些員工看見他們自己從來沒看到過的問題，讓他們可以採取挽救自己職涯所必須做的正確步驟。

舉個例子，有一位50多歲的男性員工，在同一間公司已經服務了超過30年。儘管他很有才能，人際間的問題卻讓他在公司裡升不上去。在年復一年升遷無望之後，他的怒火中燒。到後來，一個小他10歲的年輕人獲得升遷機會，成為他的主管，他心裡原本的憤怒也爆了開來。他之前的主管給他一本《跳出問題的框框》，希望他可以好好看清楚自己，這或許是他這輩子的第一次。

這位老兄把書看過了兩遍。第一次看的時候,他把對他來說在大多數公司都是最重要的問題——政策,很自然而然地忽略過去。不過當第二次讀的時候,他開始敞開心胸思考一個問題,就是他對自己職場上的遭遇,是不是至少也有一部份的責任。他開始詢問一些跟他共事很久的同事,對於他們在自己的周遭工作,受到了哪些影響以及看法。跟前幾年不同的是,他只是仔細聽別人在講,而不是急著幫自己找理由。對於所聽到的,他抱持謙虛的態度,就一些過去經常怪罪於別人的問題,自己也開始承擔起責任。

　　沒多久,一個長期以來績效都很差的部門有個暫時的主管缺,於是他主動要求來帶領這個部門。在他到任的第一天,他跟部門的同仁們說:「有一件事可以跟各位保證,我每一天,都會盡自己最大的努力用人的角度看待各位,也會以人為出發點來對待各位。大家可以相信我所講的,假如沒做到,各位可以來找我,讓我知道,這樣我才能改正。」第一個月,這個部門就打破了生產紀錄,而在第二個月,他們則是公司裡唯一超過目標的部門。在那之後,他們每個月都

持續不斷地進步，跟這位老兄同職位的主管都在納悶這一切是怎麼發生的。

當然，所發生的便是這位老兄開始讓自己變得有責任感了，而不是等著別人要他負責這個負責那個。光是這樣的改變，就讓所有的事都為之改觀，也正是本書所引發的轉型。

類似這種精神，還有一位公司的執行長在讀過這本書之後，把自己給開除了，另外聘僱一位更有才能的人士來接替他的職務。除此之外，他非但沒寫出一些忿忿不平的話，責怪公司的某個部門出錯，要這個部門成為代罪羔羊，反而寫了一封信給公司，為自己錯誤的決策導致失敗而道歉。這間公司在他的精神感召下，重新恢復朝氣，也在新的使命感之下，變得更加團結。

這本書也讓另一位執行長得以訂出追蹤問題的新方法。在這之前，他會到自己認為出現問題的同仁那裡，要求他把問題處理好，這位執行長也開始在想，出現了問題是不是自己可能也有責任，於是他召開了一項會議，與會人員包括管理架構中跟這個問題有關的每個層級同仁。會議一開始時，

他便指出問題在哪裡，並列出在原有的公司文化上，自己覺得那些是他對問題的產生所造成的負面影響，接著說出他對這個問題提出的改善方案是怎樣。他要自己的下級主管也提出同樣的方案，然後在管理架構中每個層級都如法炮製。最後到了得最直接面對這個問題的同仁，也能坦然對問題展現出責任感，並提出自己認為應該如何解決的方案。利用這樣的方式，某個存在多年的問題，就在主管們不再一層一層交代下去，轉而讓自己開始承擔更多的責任感之際，幾乎是一夕之間就解決了。而這是那間公司目前解決每個遇到的問題所採用的運作方式。

在公司裡，像這樣每個層級對自己的工作都能有責任感應該是每一位主管的夢想。我們的經驗告訴我們，以及在這本書我們試著傳達給讀者的，正是為了從單純想像可以有人人勇於承擔責任與當責的文化，提升到真正能落實的境界，身為主管或領導者的得先開始學會當責——不論那樣的領導者是公司的執行長，某個處的副總經理、部門經理，或是做為父母的人。最有效率的領導者帶領團隊只有一個方法——

比其他人承擔起更多的責任。

個人成長與發展

這本書最初是被一些輔導個人或主管訓練等領域的人士所發掘的。時至今日,則已成為許多輔導訓練課程經常會用到的書籍,因為講師們發現,這本書是幫助他們的客戶就探討自我成長的議題上一項相當有價值的工具。它也被許多療癒專家和顧問們廣泛運用,因為不少心理健康從業人員發現,藉由人跟人之間建立起關係的模式,能更有效地提升他們所提供的服務。

這本書也被許多大學和商學院當作基本教材。教授們發現書中的概念對於很多學習領域提供了重要基礎——從倫理到企業管理,到組織行為以至於心理。

美國一個頂尖的藥學系要他們所有一年級的新生閱讀這本書作為新生訓練,接著老師會和學生們進行兩小時的會談,討論書中的觀念,以及和他們自己專業的關聯性。

另一間大學則是提供本書以及《和平無關顏色》兩本書作為補充教材，讓所有學生學習建立跨種族的文化。一間知名的法學院也採用亞賓澤協會出版的書籍，當作某個學期法律與領導力課程的講授內容。

許多治療計畫也把我們的書提供給參與計畫人員的家人，為的是幫助那些家中的主要照顧者能用更健康、更有愛心的方式，重新對待他們的子女，或其他需要被照顧的人。

我們也經常聽到讀者在講，他們用書裡講的這些內容跟其他人互動，而這樣的互動種類很多。例如在日本，許多城市都有「跳出框框」之類的社團，提供了讀者們互相幫助，更了解這些觀念的空間。在美國的大學校園裡，也有很多自主性的活動，讓同學們可以彙集和討論這些想法。亞賓澤協會則在網路上提供了全球網站，網址是arbinger.com。在這個網站上，世界各地的讀者和相信這些講法的朋友們，都能一起探索這些理論並分享他們在實務上的運用。

那些還想進到下一個階段，想在日常生活中或工作上應用本書觀念的朋友，可以借助亞賓澤協會的輔導人員，對於

個人進行協助,或是可以藉由我們的幫忙,為團隊或組織上的變化上盡一分心力。欲洽詢我們的服務可以透過亞賓澤的網站,或直接撥打801-447-9244的電話。除此之外,我們在世界各地的主要城市有公開的研討會,也有舉辦較大型的進階訓練。訓練詳情可以參考我們的網址:www.arbinger.com。

久石文化事業有限公司
讀者回函卡

Better Living Through Reading

親愛的讀者，謝謝您購買這本書！這一張回函是專為您、作者及本社搭建的橋樑，我們將參考您的意見，出版更多的好書，並提供您相關的書訊、活動以及優惠特價。請您把此回函傳真（02-25374409）或郵寄給我們，謝謝！

您的個人基本資料

姓　名：＿＿＿＿＿＿＿＿性　別：＿＿＿＿出生日期：＿＿＿＿年＿＿月
地　址：＿＿＿＿＿＿＿＿＿＿＿＿＿＿＿＿＿＿＿＿＿＿＿＿＿＿＿＿
E-mail：＿＿＿＿＿＿＿＿＿＿＿＿＿＿＿＿電話：＿＿＿＿＿＿＿＿
學　歷：□高中以下　□高中　□專科與大學　□研究所以上
職　業：□1.學生　□2.公教人員　□3.服務業　□4.製造業　□5.大眾傳播
　　　　□6.金融業　□7.資訊業　□8.自由業　□9.退休人士　□10.其他

您對本書的評價　書號：L051

您購買的書的書名：跳出問題的框框
得知本書方法：□書店　□電子媒體　□報紙雜誌　□廣播節目　□DM
　　　　　　　□新聞廣告　□他人推薦　□其他＿＿＿＿＿＿＿
購買本書方式：□連鎖書店　□一般書店　□網路購書　□郵局劃撥
　　　　　　　□其他＿＿＿＿＿＿＿＿＿
內　　容：□很不錯　□滿意　□還好　□有待改進
版面編排：□很不錯　□滿意　□還好　□有待改進
封面設計：□很不錯　□滿意　□還好　□有待改進
本書價格：□偏低　　□合理　□偏高
對本書的綜合建議：＿＿＿＿＿＿＿＿＿＿＿＿＿＿＿＿＿＿＿＿＿＿
＿＿＿＿＿＿＿＿＿＿＿＿＿＿＿＿＿＿＿＿＿＿＿＿＿＿＿＿＿＿

您喜歡閱讀那一類型的書籍（可複選）
□商業理財　□文學小說　□自我勵志　□人文藝術　□科普漫遊
□學習新知　□心靈養生　□生活風格　□親子共享　□其他＿＿＿
您要給本社的建議：＿＿＿＿＿＿＿＿＿＿＿＿＿＿＿＿＿＿＿＿＿
＿＿＿＿＿＿＿＿＿＿＿＿＿＿＿＿＿＿＿＿＿＿＿＿＿＿＿＿＿＿

請貼郵票

久石文化事業有限公司　收
104 臺北市南京東路一段25號十樓之四
電話：02-25372498

LONGSTONE PUBLISHING